刘佳伦◎著

并联管系统内工质流量分配研究

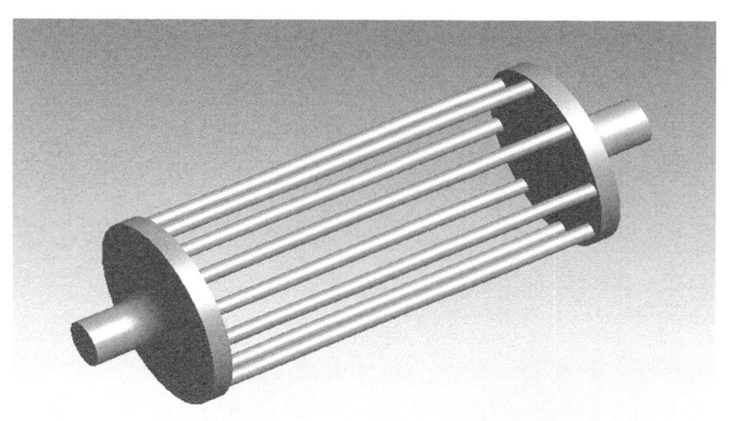

中国石化出版社

内 容 提 要

本书重点采用理论建模和计算分析相结合的方法，对并联管内的流量分配及管道耦合振动特性等展开了研究。首先，建立了适用于预测并联管系统在稳态工况及动态过程中工质流量分配及传热耦合计算模型，基于本书模型对稳态工况下并联垂直上升管内单相及两相工质的流量分配特性进行了研究。其次，基于 CFD 数值模拟方法，从二维乃至三维角度对 T 形三通及并联管内的速度场及压力场分布展开了数值研究和理论分析。最后，针对流固耦合引发的管道共振现象，采用大涡模拟方法对弯管内的瞬态流场进行了模拟，获得了涡脱过程的振荡振幅及频率的变化规律，同时利用 CAESAR Ⅱ软件对管道进行了静力及动力分析，探究不同管道支撑方式下管道固有频率的变化规律。

本书可供能源与动力工程专业设计人员及从事电厂锅炉水动力、核反应堆热工水利分析等相关研究的学者借鉴和参考，也可作为高等院校相关专业研究生的参考资料。

图书在版编目(CIP)数据

并联管系统内工质流量分配研究 / 刘佳伦著. — 北京：中国石化出版社，2021.3
ISBN 978-7-5114-6182-7

Ⅰ. ①并… Ⅱ. ①刘… Ⅲ. ①换热器-工质热力性质-研究 Ⅳ. ①TK121

中国版本图书馆 CIP 数据核字(2021)第 049445 号

中国石化出版社出版发行
地址：北京市东城区安定门外大街 58 号
邮编：100011　电话：(010)57512500
发行部电话：(010)57512575
http://www.sinopec-press.com
E-mail:press@sinopec.com
北京中石油彩色印刷有限责任公司印刷
全国各地新华书店经销
*
710×1000 毫米 16 开本 11 印张 201 千字
2021 年 3 月第 1 版　2021 年 3 月第 1 次印刷
定价：58.00 元

前言

PREFACE

并联管作为基本的热质输运结构，广泛应用于锅炉水冷壁、核反应堆蒸汽发生器、太阳能吸热器等能源化工系统内的热量交换设备中。作为承担能量传递及转化的核心和枢纽，并联管系统的运行环境最为复杂、恶劣，管外一次侧直接承受高温、高压且具有复杂多变特征的能流传递，管内二次侧工质由于受热，其形态物性往往发生剧烈变化，甚至相变，其传热、流动、阻力等特征随之变化。因此，研究掌握各类热能传递设备中并联管内的流动及传热特性一直是学者的研究热点和重点。

在实际运行中，受集箱形式结构、一次侧能流分布、工质状态变化等各种因素影响，并联管内的流量分配总是不均匀的，若工质不能均匀地分配进入各个支管，导致进入某支管的流量较少，使该支管的管壁因为没有得到足够多流体的冷却而超温过热，甚至引发爆管等严重事故，同时也极有可能触发各类流动不稳定现象。此外，并联管内工质在流动过程中涉及流动方向的转变，内部流动可能发生各类扰动，在与管道的耦合作用下，可能引发管道振动现象，并进一步导致管道应力破坏、断裂等重大事故。为了适应电网调峰及设备特殊需求等，包括超临界锅炉、新型核反应堆、太阳能热电站等在内的许多能源系统除了在额定工况下稳态运行之外，还需要具备快速变负荷运行的能力，这使得其内部并联各支管内的流动与传热过程呈现动态变化特征，相关规律更为复杂且难以预测。因此，如何准确地预测和调节各类复杂工况下并联管内工质的流动与换热过程，及其与管道间可能存在的流固耦合作用，及时避免流量分配不均引发的壁面超温过热以及管道振动等危险现象的出现，对保证系统安全与高效运行有着十分重要的意义。

在近年来对各类并联管系统内流动及传热相关研究的基础上，笔者撰写了《并联管系统内工质流量分配研究》一书。本书主要通过理论建模、数值分析相结合的方法对并联管热质输运系统内的工质流量分配特性及流固耦合振动特性等展开研究。第 1~2 章介绍了并联管在现有能源化工领域内的应用背景以及当前有关并联管流量分配研究的国内外现状；第 3 章介绍了并联管内工质流量分配特性计算模型的建立过程；第 4~5 章介绍了关于稳态条件以及动态变负荷条件下单相、两相流流量分配特性的计算结果及相关影响规律；第 6 章介绍了 CFD 数值模拟方法及其在 T 形三通及并联管内流量分配研究中的应用；第 7 章介绍了流固耦合引发的管道共振现象及相关研究。

本书的出版获西安石油大学优秀学术著作出版基金的资助，在此表示感谢！

由于作者水平有限，书中难免存在不当之处，敬请专家、学者和读者批评指正。

目　录

CONTENTS

1　绪论 …… (1)

2　并联管流量分配特性研究现状 …… (10)

2.1　研究内容简介 …… (10)

2.2　国内外研究进展 …… (19)

2.3　本章小结 …… (34)

3　并联管内工质流量分配及传热偶合计算模型 …… (35)

3.1　现有模型总结 …… (35)

3.2　模型的建立 …… (36)

3.3　步长无关性验证 …… (51)

3.4　模型验证 …… (52)

3.5　本章小结 …… (56)

4　稳态工况下并联管内流量分配特性计算分析 …… (58)

4.1　单相流体的流量分配特性研究 …… (58)

4.2　两相流体的流量分配特性研究 …… (67)

4.3　本章小结 …… (79)

5　动态变负荷工况下并联管内流量分配特性计算分析 …… (81)

5.1　阶跃动态扰动条件下单相流体的流量分配特性研究 …… (81)

5.2　阶跃动态扰动条件下两相流体的流量分配特性研究 …… (85)

5.3　大范围变负荷工况下工质流量分配特性的计算分析 …… (88)

5.4　动态变负荷工况下流量分配特性的影响因素分析 …… (95)

5.5　本章小结 …… (106)

6 并联管内流量分配特性的数值模拟研究 …………………………… (107)
6.1 CFD 模拟方法简介 ………………………………………… (107)
6.2 T 形三通内三维流场分析 ……………………………………… (108)
6.3 并联管内流量分配特性的二维数值研究 ……………………… (121)
6.4 本章小结 …………………………………………………… (132)
7 管道流固耦合振动特性计算分析 …………………………………… (133)
7.1 流固耦合振动研究现状分析 ………………………………… (133)
7.2 涡脱过程中流场分布的大涡模拟 ………………………………… (135)
7.3 管道系统固有振动频率分析 ………………………………… (152)
7.4 本章小结 …………………………………………………… (160)
附录 符号表 ……………………………………………………… (161)
参考文献 …………………………………………………………… (164)

1 绪论

并联管系统作为基本的热质输运结构，可以在较小布置空间下获得较高传热效率，广泛应用于超(超)临界锅炉的水冷壁及过热器系统、核反应堆内的蒸汽发生器、太阳能光热发电系统内的吸热器等现有各类能源系统内的热量交换设备以及化工领域内的各类换热器等。这些热量交换设备是承担能量传递及转化的核心部件，采用并联管结构对工质进行分配输运，将一次侧的各类能源传递或转化为二次侧工质的热能(常见工质有水、空气、制冷剂、CO_2等)。下面分别针对超临界锅炉、塔式太阳能热发电系统、核反应堆堆芯等系统对并联管的应用背景进行详细介绍。

为满足我国快速增长的电力需求，应对日益严峻的环境问题，有着高效率、低排放特点的大容量高参数超(超)临界直流锅炉已成为我国燃煤发电机组的主要组成部分。锅炉水冷壁是超临界锅炉的重要承压及受热部件，它的内部为流动的水或蒸汽，外界接受锅炉炉膛的火焰热量，负责将炉膛的热量传递转化为管内水工质的热能，其能否持续稳定、高效运行对整个机组的发电效率和运行安全有着十分重要的影响。图 1-1 给出了某超临界锅炉结构系统图以及内部水冷壁的布置结构图[1]。

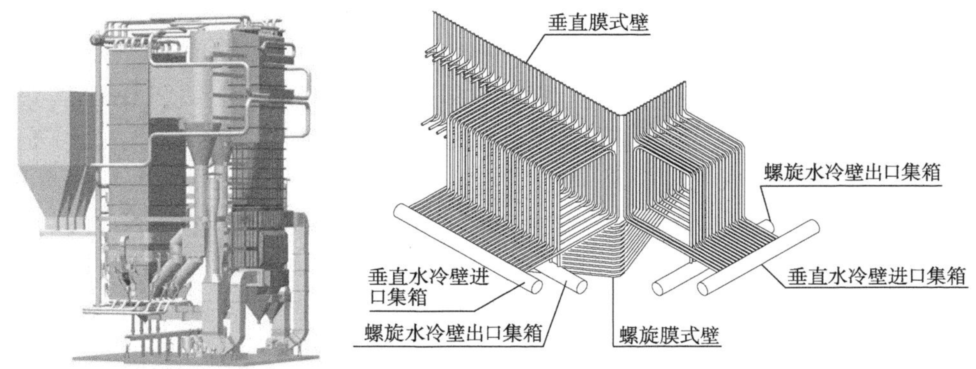

图 1-1　超临界锅炉系统及锅炉水冷壁的布置结构图

在图 1-1 中，锅炉水冷壁系统布置在锅炉炉膛四周，由集箱以及并联支管组成，工质首先经由引入管进入分配集箱，然后在分配集箱内进行流量分配，进入各个支管，在沿支管流动过程中吸收并储存炉膛传递的热量，管内工质涉及从过冷液态、沸腾，到过热蒸汽等一系列复杂的流动和换热过程，包括流态、相态的转变，最终变为高温高压工质，汇集后进入汽轮机做功。

核电作为一种清洁高效的能源，是增加能源供应、优化能源结构、实现低碳发展的重要途径，被世界各国所青睐。目前以超高温气冷堆、超临界水堆和铅冷快堆等为代表的新型堆型得到了高度重视和快速发展[2]。在各类核反应堆系统中，有不少关键设备同样均基于并联管结构设计并对工质进行分配，例如蒸汽发生器。蒸汽发生器是核反应堆中实现能量传递的核心设备，也是核电站中最容易发生核泄漏事故的部件，其负责将一次侧堆芯释放的热量传递到二次侧工质，产生蒸汽并推动汽轮机做功，其运行的稳定性、安全性对核电站的运行安全、经济性及可靠性都有至关重要的影响。螺旋管蒸汽发生器具有传热性能好、结构紧凑、热膨胀自由、管子与管板间热应力小等特点，提高了相关设备的可靠性和安全性，逐渐成为高温氦气堆、铅冷快堆以及小型模块化反应堆的一个重要选择。图 1-2 给出了高温氦气堆及其内部螺旋管蒸汽发生器的结构示意图[3]。如图 1-2 所示，蒸汽发生器一次侧高温氦气通过蒸汽发生器中心管进入，并在螺旋管束内经内外套筒所形成的环形通道向下流动，与螺旋管内的二次侧水工质进行换热，温度降低变回低温氦气流出，二次侧水工质经给水管嘴依次分配至螺旋管束中各螺旋管内，沿螺旋管向上流动被氦气加热，依次经历过冷水状态、沸腾两相流状态、过热蒸汽状态等，最后被加热至设计温度后流出。螺旋管蒸汽发生器二次侧由多组螺旋管叠加、并联组成，由于各并联螺旋支管的空间位置、几何结构、几何尺度及其受一次侧工质热传递作用的差异（例如内、外层并联螺旋管的管道长度差异、螺旋曲率差异、与一次侧工质的热量交换方面的差异等），并联螺旋管的各支管之间存在流量分配不均的问题。当某些管路分配的流量过低时，有可能导致支管内冷却能力的降低和工质沸腾传热状态的变化，甚至可能引发传热管破裂事故，进而可能导致反应堆一次回路中具有放射性的冷却剂向二次回路泄漏，这将迫使核电站停运，造成巨大的经济损失，严重威胁周围环境的安全[4]。

与化石燃料发电相比，太阳能作为一种可再生能源，其热发电技术具有稳定可调、绿色环保、可持续发展等特殊优势，近年来发展迅速，被广泛认为是当前最有条件替代火电担当基础电力负荷的新能源发电技术[5]。在众多的太阳能热发电技术中，塔式太阳能热发电具有聚光倍数高、工作温度高、热损耗少等优点，可以获得较高的热电转化效率，而且适合于大容量发电，是目前我国最具潜力的

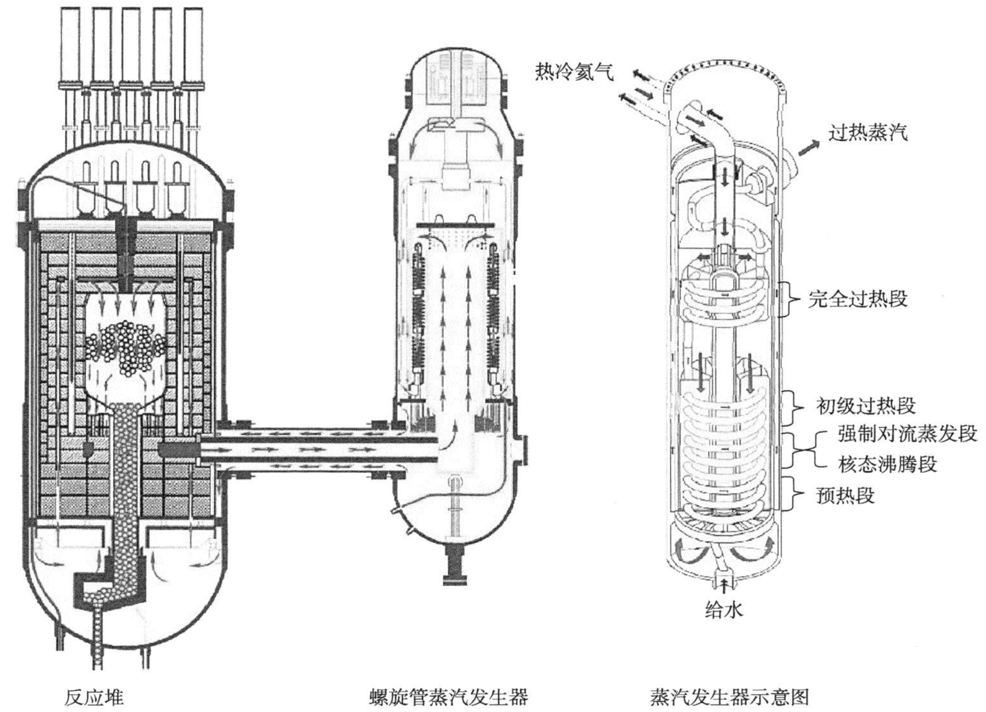

图 1-2　高温气冷堆及内部螺旋管蒸汽发生器结构示意图

太阳能热发电方式之一[6]。吸热器是塔式太阳能热发电系统中能量转换的关键部件，直接承受着在空间及时间上分布极不均匀的高强度太阳能能流，能否稳定、高效地将太阳能转换为工质的热能将直接影响到整个热发电系统的安全可靠性和运行效率[7]。塔式太阳能热发电系统的吸热器主要有两种形式，即外置式吸热器和腔式吸热器，图 1-3 给出了塔式太阳能热电站以及两类吸热器的结构示意图。从图 1-3 中可看出，无论是外置式吸热器，还是腔式吸热器，均由多根并联的换热管组成。塔式太阳能吸热器的传热介质主要有水、熔盐和空气等。其中，水的热导率高、无毒、无腐蚀，而且其产生的高压蒸汽可直接推动汽轮机发电，在太阳能热发电站中得到了广泛的应用[8]。然而，由于水在高温、高压下发生相变形成气液两相流，物性变化剧烈，在高度不均匀的太阳能热流分布及集箱效应等因素的综合作用下，吸热器并联管内经常发生工质流量分配不均的现象，这不仅大大降低了吸热器的换热效率，而且会进一步导致吸热器不同位置处的壁温分布产生较大偏差，有可能使得吸热管内产生的热应力超过吸热管的屈服强度，引起吸热器破坏、系统停机[9]。同时，由于一天中吸热器所接收的光照强度随着昼夜更替及天气变换不可避免地发生变化，吸热器经常处于变负荷动态运行工况下，特别是云层遮挡等非正常瞬态气象条件更会引起吸热器表面热流密度呈现出阶跃扰动的非连续性特点[10]，这使得吸热器并联管内工质的流量分配特性呈现复杂的变化特征。

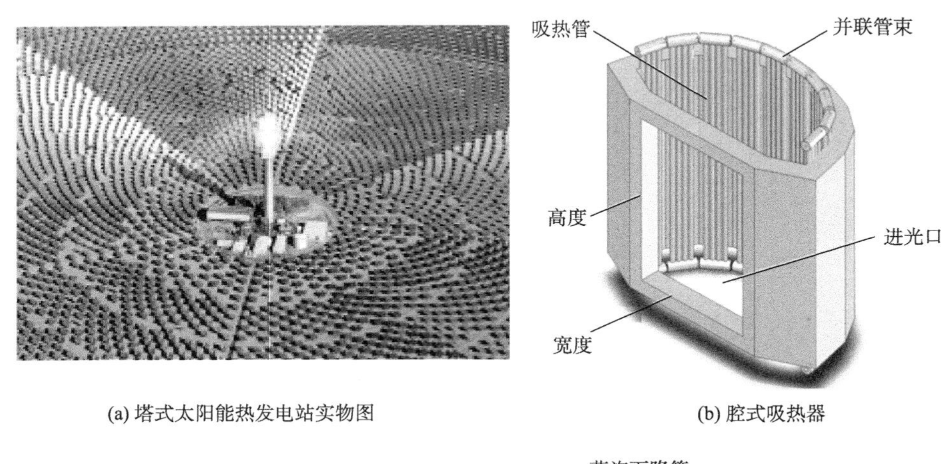

(a) 塔式太阳能热发电站实物图　　(b) 腔式吸热器

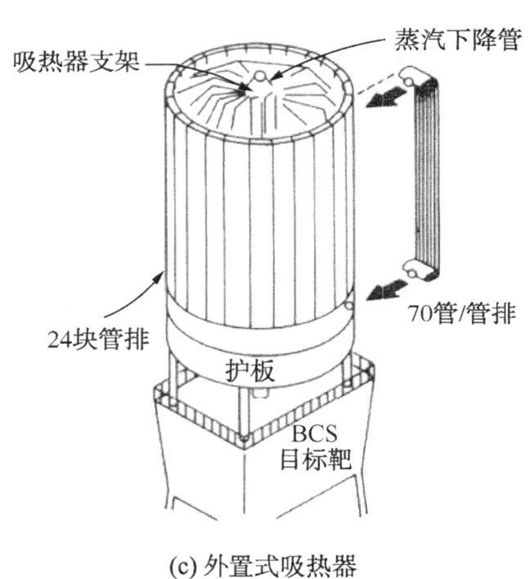

(c) 外置式吸热器

图 1-3　塔式太阳能热发电站及内部吸热器结构示意图

在能源化工领域还有很多类型的换热器也是基于并联管结构设计，例如，现在石油化工产业上往往采用换热器来实现 LNG(液化天然气)的气化过程。天然气是一种以甲烷等烃类气体为主，混有氮气、水、二氧化碳和硫化氢等少量杂质的混合气体。与煤炭与石油相比，天然气具有安全、清洁且经济的自身优势，不仅具有极高热值，而且 SO_x、NO_x、CO、CO_2 等有害气体排放较少，能有效减少酸雨、雾霾的形成并减缓温室效应，应用前景非常广阔[15]。为便于储存运输，常将天然气净化处理后常压冷却至-162℃，转变为液态天然气(Liquefied Natural

Gas，LNG）[12]。使用前，LNG 必须经过汽化之后输送到能源消费端，汽化器作为汽化过程的核心设备起着关键作用[13]。当前应用较为广泛的几类主流 LNG 汽化器（包括开架式汽化器、空温式汽化器、浸没燃烧式汽化器等）均基于并联管结构设计，图 1-4给出了开架式 LNG 汽化器的结构示意图[14]。如图 1-4 所示，外部 LNG 从底部的液化天然气汇管进入汽化器，并在换热管组成的管束板内部自下而上垂直流动。汽化器的上端布置有海水喷淋装置，海水从顶部海水分配器流出进入喷淋装置喷洒，海水从换热管组成的管束板外侧自上而下均匀流下，并在管束外侧形成一层薄膜。换热管板束内侧流动的是 LNG，外侧均匀覆盖着层海水液膜，两种介质经过换热管板束实现热量交换，海水的热量传递给管内 LNG，使其汽化，变为天然气从顶部天然气出口流出，而海水汇集后则流回海洋。

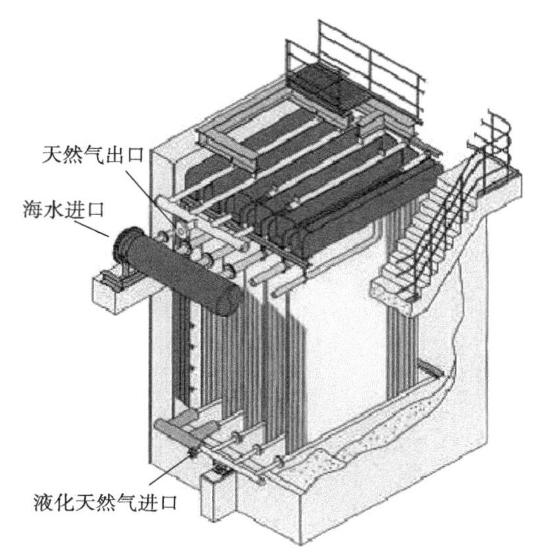

图 1-4　开架式 LNG 汽化器结构示意图

印刷电路板式换热器（Printed Circuit Heat Exchanger，PCHE）是近年来发展极为迅速的一种并联微通道换热器，广泛应用于航空航天领域、高温核反应堆、超临界 CO_2 布雷顿循环等先进换热系统，以及海上 LNG 浮式储存和再汽化装置（图 1-5）中。PCHE 具有高紧凑性（体积往往比管壳式换热器小一半以上）、较大的传热面积（传热比表面积高达 $2500m^2/m^3$）、低温高压的承受能力（高压达到 60MPa，低温低至-200℃）。PCHE 的流体通道通过光电化学在金属板上刻蚀而成，流道尺寸减小至 0.5～3mm；并利用扩散连接将换热板连接成换热器芯体，能大大提高焊缝可靠性，焊缝的机械强度几乎与母材相同，在高压、晃荡、交变应力等条件下具有较高可靠性，满足了安全可靠的要求[20]。图 1-5 给出了 PCHE 的典型结构示意图。

如图 1-5 所示，工质由换热器进口的分配器（多数由封头及导流通道组成）分配进入各个通道，在沿通道流动过程中，相邻两层的冷、热流体通过壁面进行热量交换，之后各通道间的流体汇集到出口后流出。在 PCHE 运行过程中存在两个关键环节：一个是工质的流量分配过程，另一个是通道内部工质的流动及传热

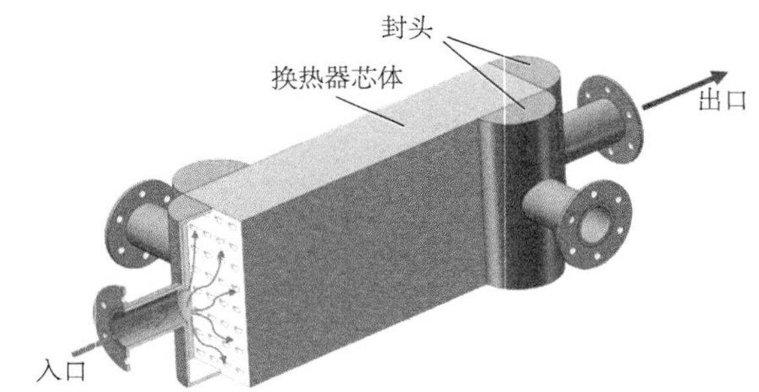

(a) PCHE整体示意图[17]

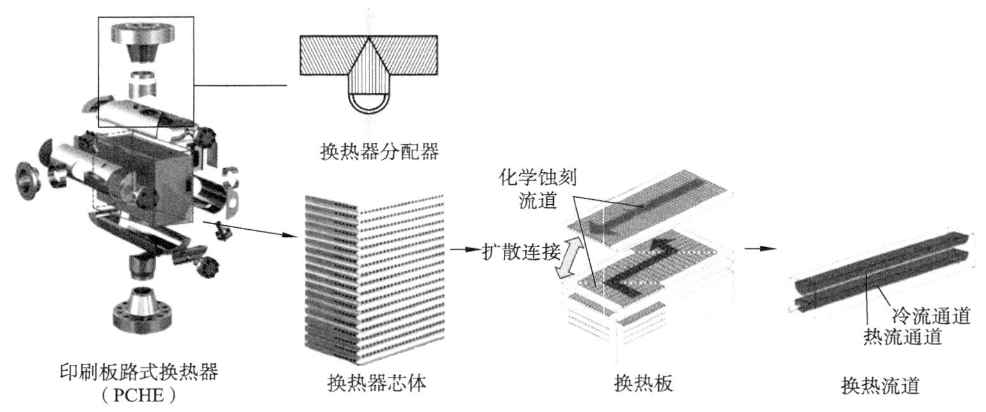

(b) PCHE内部各部分结构示意图[16]

图 1-5　PCHE 结构示意图

过程，这两个环节是相互耦合的，并对换热器的换热效率及运行可靠性产生决定性影响。如果各通道间流体发生流量分配不均现象，这会导致各个通道间的工质温度及物性产生较大变化，进而影响到各通道内的流动与传热过程，流量过低的通道甚至有可能发生传热恶化现象，严重影响换热器整体的换热效率，同时各通道间工质温度及壁面温度的较大差异也会引发较强的壁面热应力，使得壁面管材产生应力疲劳，降低设备使用寿命。

此外，电子元件散热器、燃料电池内部的流道结构及用于制冷行业中的大多数换热设备等也往往是基于并联管结构设计的，如图 1-6所示，此处不再一一介绍。

从上述分析可以看出，在很多大型能源系统内，并联管都是承担能量传递及转化的核心和枢纽，也是系统中运行环境最为复杂、恶劣的设备。首先，管外一次侧直接承受高温且具有复杂多变特征的能源传递，例如，锅炉水冷壁外侧直接

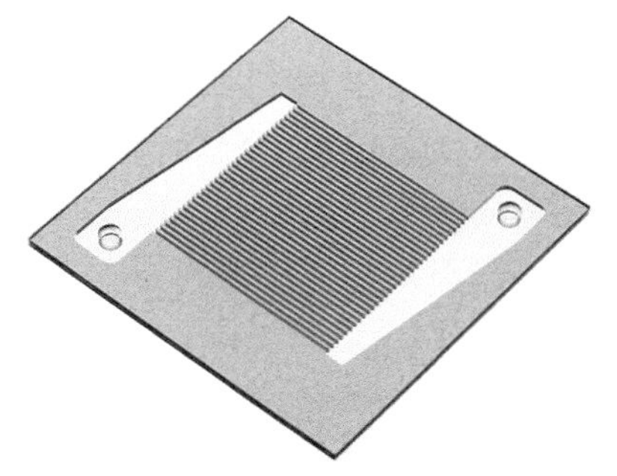

(a) 电子元件散热器结构示意图

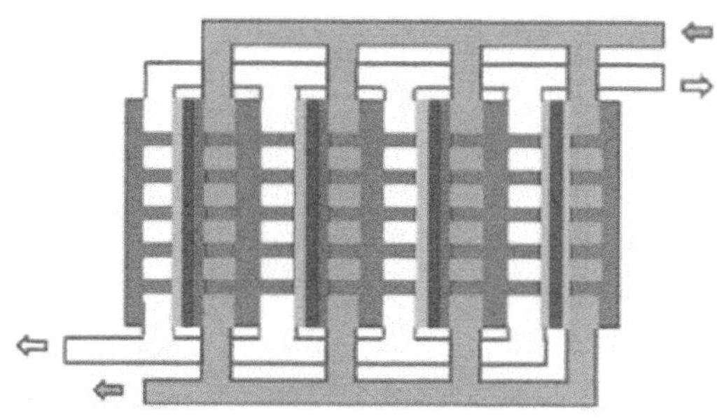

(b) 燃料电池内部结构示意图

图 1-6 能源化工领域基于并联管结构设计能量交换设备[18-19]

承受炉膛内部高温火焰的辐射以及高温烟气的冲刷，而且其表面的热量分布随火焰位置及强度呈现复杂随机变化(图 1-7)。其次，管内二次侧工质往往由于受热，其形态物性发生剧烈变化，甚至发生相变，其传热、流动、阻力等特征随之变化。此外，现有大多能源系统除了在额定工况下稳态运行之外，往往还需满足电网调峰的需求，需要具备快速变负荷运行的能力，在变工况运行过程中，壁面热负荷、系统压力、总流量等工况参数会发生大幅度变化，工质的物性及流态也会随之发生较大变化。因此，研究掌握各类热能传递设备中并联管内的流动及传热特性一直是学者的研究热点和重点。

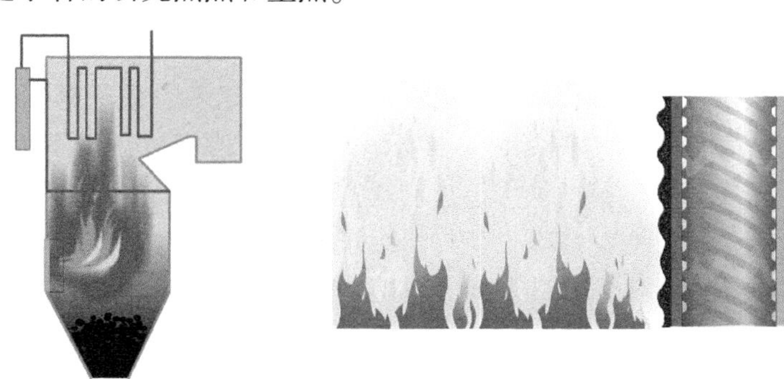

图 1-7 锅炉炉膛及水冷壁管道运行环境示意图

对工质流量进行分配是并联管的一个最基本也最主要的功能，工质流量能否均匀分配到各支管是决定热能传递系统能否安全高效率运行的关键。在理想情况下，总是希望各支管的流量能够均匀分配，各支管内工况参数一致，这样不仅有利于系统运行控制，同时也能避免出现各类偏离正常工况的危险现象的发生，确保系统高效运行。然而，如前文分析，在实际运行中，受集箱型式结构、一次侧能流分布等各种因素影响，并联管内的流量分配总是不均匀的。若工质不能均匀地分配进入各个支管，导致进入某支管的流量较少，使该支管的管壁因为没有得到足够多流体的冷却而超温过热，有可能引发爆管等严重事故(图 1-8 给出了某电厂水冷壁爆管图)，同时也极有可能触发各类流动不稳定现象。此外，并联管内工质在流动过程中经历分流、汇流等过程，流动方向频繁发生转变，内部流动可能发生各类扰动，在与管道壁面的耦合作用下，可能引发管道振动现象。这些都对系统的安全运行构成了极大威胁。

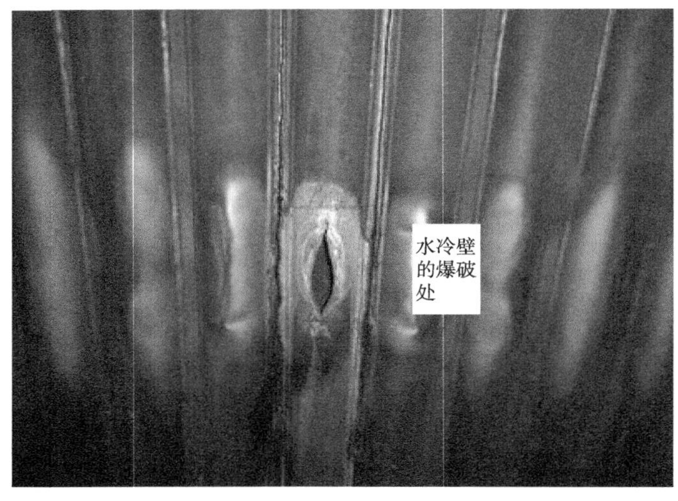

图 1-8　锅炉水冷壁现场爆管图

此外，为了适应电网调峰需求以及设备特殊需求等，包括超临界锅炉、新型核反应堆、太阳能热电站在内的许多能源系统除了在额定工况下稳态运行之外，需要具备快速变负荷运行的能力。这使得并联管系统内的流量分配特性呈现动态变化特征，相关规律更加复杂。例如，由于天气变幻、昼夜更替等自然因素的影响，定日镜场接收的太阳辐射能流在随时变化，与定日镜场耦合的吸热器表面的热流密度在时间尺度上分布极为不均，且具有一定随机性，使得吸热器内工质的流量分配及换热管上的壁温分布往往呈现动态变化的特征。同时，受太阳能自身因素限制，塔式太阳能电站往往需要变负荷运行，图 1-9 给出了某 50MW DSG 塔式太阳能电站的日运行性能曲线。由于具有间歇性特征的太阳能、风能等可再生能源的快速增长，我国大型燃煤发电机组还将承担更为频繁和大幅度的调峰要求，这意味着机组可能长期在变负荷工况下运行。此外，随着能源多元化发展需求的提高，未来核能利用系统除了在额定工况下稳态运行之外，也需满足电网调峰的需求，需要具备快速变负荷运行的能力。为保证系统安全运行，就要求并联管内的流量分配时时刻刻能与当前的负荷参数达到“动态”匹配，必须充分认识并掌握动态变负荷过程中并联管内工质的流量分配特性、壁温分布特性及其随时间变化的规律。

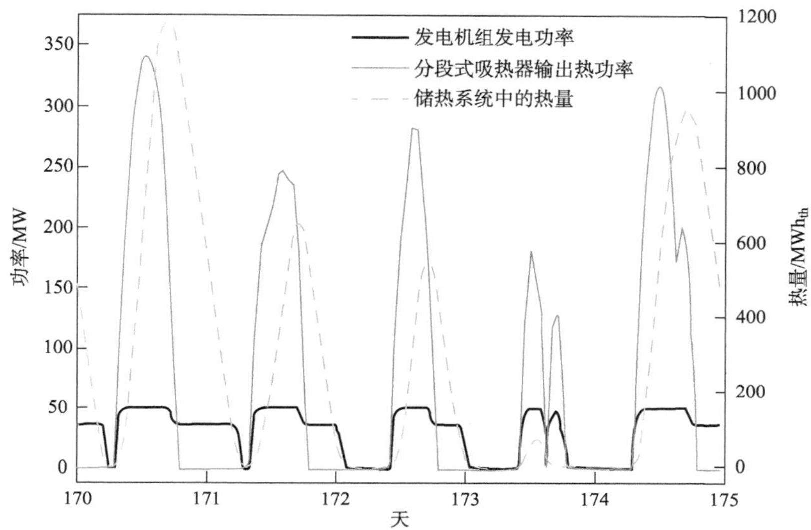

图 1-9　固定功率 50MW 下某塔式太阳能发电站的日运行性能曲线[20]

因此，如何准确地预测和调节各类复杂工况下并联管内工质的流动与换热过程，及其与管道间可能存在的流固耦合作用，及时避免流量分配不均引发的壁面超温过热以及管道振动等危险现象的出现，对保证系统安全与高效运行有着十分重要的意义。

2 并联管流量分配特性研究现状

本章重点介绍当前有关并联管内流量分配特性的主要研究内容以及国内外研究进展。

2.1 研究内容简介

并联管主要由引入和引出管、分配和汇集集箱、支管组成，并联各支管的流量分配特性主要由以下两个条件决定：①各支管的进出口压降；②各支管的压降-流量变化特性。如果各支管的进出口压降相等，而且各支管的压降-流量特性相同，则各支管的流量均匀分配。然而，在实际运行中，存在各种各样的影响因素，或导致各支管的进、出口压降不等，或导致各支管间的压降-流量特性产生差异，引发流量分配不均现象。总结下来主要存在以下几类影响因素。

（1）集箱-支管结构

在现有的并联管结构内，各支管进口依次沿着分配集箱布置，各支管出口依次沿着汇集集箱布置，因此分配集箱及汇集集箱内沿工质流动方向上的静压分布是否均匀，直接决定着各支管的进、出口压降是否均等。

首先，集箱的引入、引出方式会明显影响集箱内工质沿程的静压分布。根据引入、引出管设置的不同，并联管形式可分为轴向引入、引出形式，径向引入、引出形式，如图 2-1 所示。径向引入、引出方式即引入、引出方向与集箱径向平行，由于集箱径向方向很多，沿周向 360°均可，而且引入、引出口的位置也可以布置在集箱任何一个地方，可以在中间，也可以在两侧端部位置，数目也可以有任意多个，这些使得径向引入、引出方式下的并联管形式较为复杂多变。轴向引入、引出方式较为简单，即引入、引出方向与集箱轴向平行，理论上只存在一个方向，其引入引、出口也只可能在集箱两侧端部。

对于轴向引入、引出方式的并联管来说，由于引入、引出方向和集箱内工质的流动方向平行，截面流速变化较小，在引入管及引出管附近不会产生急剧的静压变化。而对于径向引入、引出的并联管而言，由于来流方向、出流方向与集箱内工质

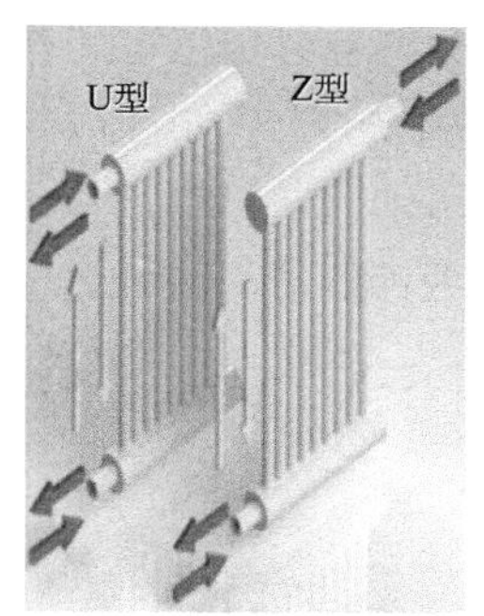

(a) 轴向引入、引出形式

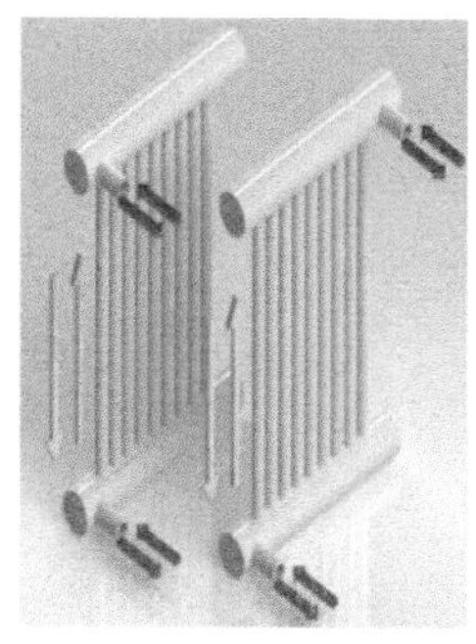
(b) 径向引入、引出形式1

(c) 径向引入、引出形式2

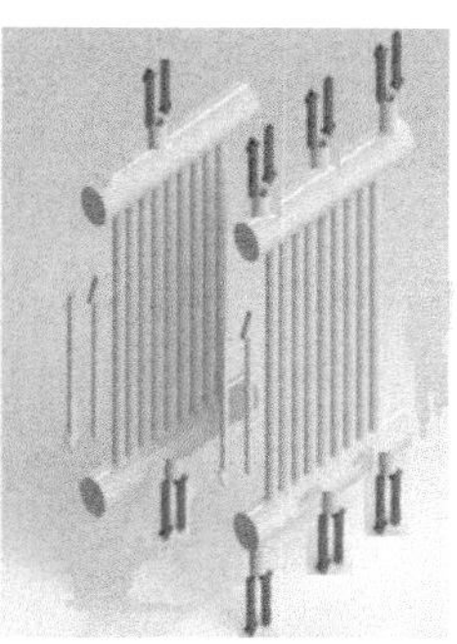
(d) 径向引入、引出形式3

图 2-1　并联管集箱布置形式[21]

的流动方向垂直，引入管及引出管附近的工质速度方向被迫急剧转向，或分往两侧，或从两侧汇合，导致集箱内在引入管和引出管附近扰动极为剧烈，形成许多涡，流体静压变化剧烈，如图 2-2 所示。这导致集箱内沿程工质的静压分布极为不均匀。

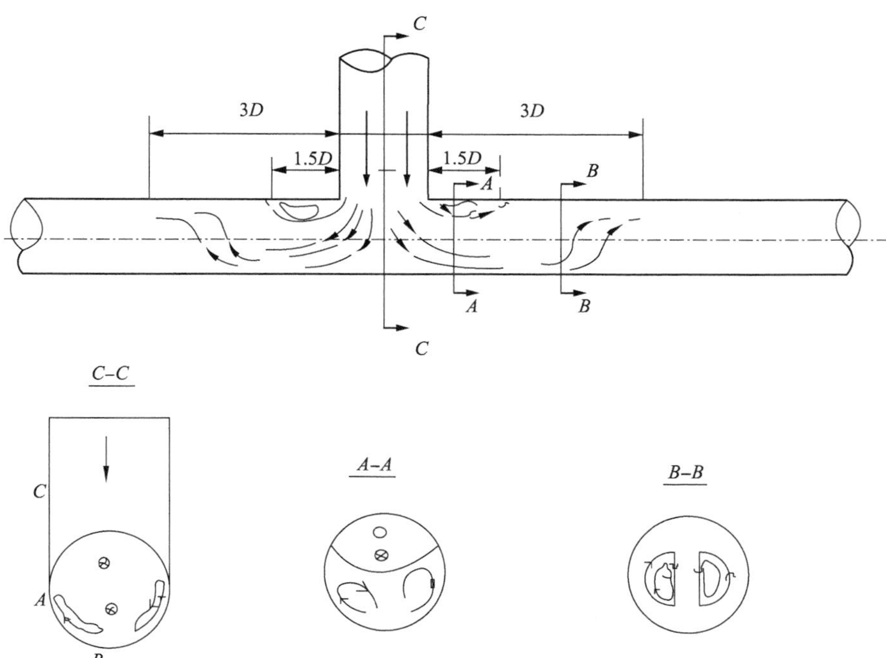

图 2-2　径向引入管附近的涡分布示意图[22]

其次，工质在沿集箱流动过程中，静压也会发生变化。对于集箱内流动来说，现有的研究往往将集箱看作是由一个个 T 形三通连接而成(图 2-3)。一方面，工质在经过 T 形三通时，由于分流、汇流的作用以及不可逆损失等，静压发生变化；另一方面由于沿程摩擦压降，静压会略有下降，但一般而言，相比于T形三通内部的压力变化，摩擦压降引发的压力变化较为微弱，多数情况下甚至可以忽略不计，但在集箱长度较长时，该影响同样不可忽略。T形三通是并联管内流体进行流量分配的最基本的单元，下面重点介绍一下工质在T形三通内的流动过程。

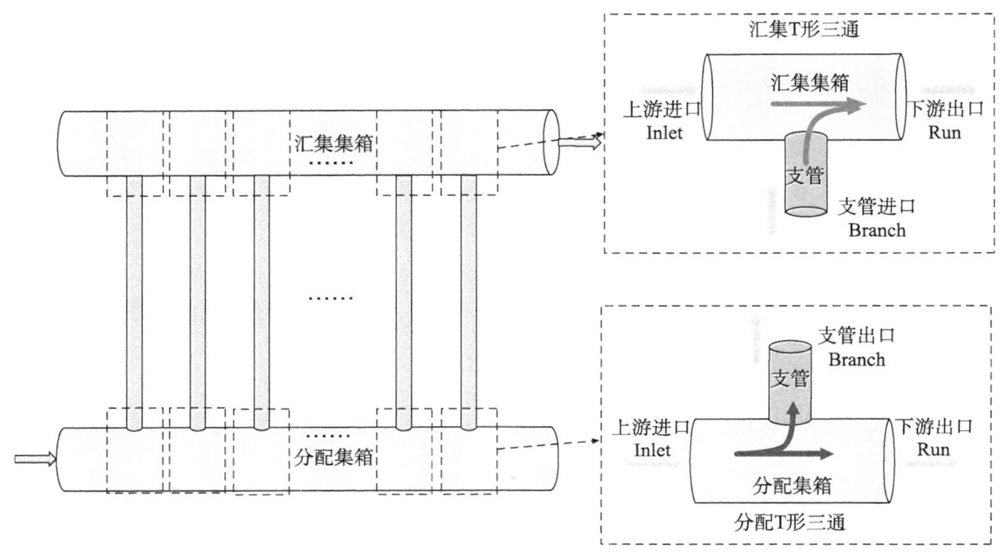

图 2-3　集箱T形三通结构示意图

如图2-3所示，以分配T形三通为例，三通上游进口方向用Inlet表示，支管方向用Branch表示，三通下游出口方向用Run表示，各截面参数有总质量流速 G_i，流体干度 x_i，流体压力 P_i，下标I表示T形三通进口界面上的流体参数，下标R表示T形三通下游出口界面上的流体参数，下标B表示T形三通支管出口界面上的流体参数。流体在经过T形三通时，会产生压力的变化，主要包括两个方向上的压力变化：①Inlet-Run方向的压力变化——ΔP_{I-R}；②Inlet-Branch方向的压力变化——ΔP_{I-B}。图2-4给出了某实验工况下空气-水两相流体流过T形三通时的压力变化[23]。

在图2-4中，纵坐标表示管内流体压力相对于参考压力(一般是进口压力)的变化数值，横坐标则表示沿T形三通的各截面中心距离三通中心点的长度。三通进口处的压力降主要是沿程的摩擦阻力损失。当流体流过三通并进行分配时，通往支管(Branch)和下游出口(Run)两个方向均会有两部分压力变化：一个是由分流导致的流量减小所引起的可逆的静压变化；另一个是由各种扰动损耗引起的不可逆的局部压力损失。当逐渐远离三通中心时，两个方向的静压又会因为沿程摩擦阻力损失而逐渐下降。

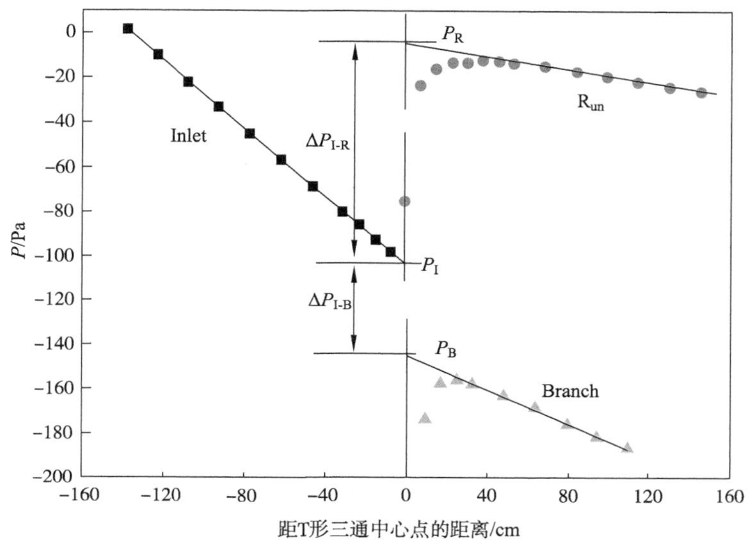

图 2-4　流体经过 T 形三通附近的压力变化

同理，在汇集集箱的 T 形三通附近，由于支管工质汇流入集箱，根据伯努利方程，经过汇集 T 形三通后，集箱中流体静压会下降，同时流体在沿集箱流动过程中产生的摩擦阻力损失以及 T 形三通附近产生的涡流等不可逆局部阻力损失，均会导致工质静压降低。

综上可知，由于集箱引入、引出管附近的工质流速变化、T 形三通分流、汇流过程中的工质流速变化以及沿集箱流动方向上的摩擦压降等，沿集箱各个位置处工质的静压分布并不均匀，直接导致沿集箱方向上各支管的进口压力以及出口压力有明显差异，分配进入各支管的工质流量与该支管的进出口压降呈正相关关系，因此，并联管内各支管的流量分配比例往往并不均匀。当集箱以及支管结构形式及参数不同时，如集箱布置、引入管位置、集箱-支管截面积比、集箱长度、支管间距、支管长度等参数，并联管内的静压分布情况不同，直接导致各支管的流量分配结果有所不同。

（2）热边界条件

工程上一般采用压降-流量特性曲线来表征管道流量与进出口压降之间的关系。但由于各支管间结构参数以及壁面热负荷条件等方面存在差异，各支管的压降-流量特性曲线是不一样的。虽然在实际并联管系统中，各支管的长度、直径等结构参数往往相同，但是在锅炉水冷壁、太阳能吸热器等多数能源系统中，并联管壁面往往处于受热状态，管内工质的物性随着工质温度及压力发生变化，导致支管的压降-流量特性曲线与壁面热负荷分布密切相关。当各支管间热负荷存在偏差时，即便各支管进出口压降相同，但由于各支管的压降-流量特性曲线存在差异，也会导致各支管的流量分配不均匀。例如，在锅炉水冷壁系统中，由于锅炉炉膛内的周向燃烧不均匀以及火焰中心位置的偏移等，各支管间会产生较大的热偏差，导致各支管间流量分配出现较大偏差，这也是引起锅炉水冷壁管屏爆管事故的重要原因[24]。再如，在塔式太阳能吸热器中，定日镜的聚光性使得投射到吸热器上的热流分布呈现出中心温度高、由里及外依次衰减的空间分布特征，而且这种空间分布极不均匀，且随时间变化，图 2-5 给出了某太阳能吸热器表面的能流分布示意图[25]。对并联管换热系统而言，过高的热负荷分布梯度不仅会引发并联管内工质流量分配的极度不均，而且会导致各换热管间出口工质温度及管壁温度产生较大偏差，最终可能导致部分支管上产生巨大热应力，引起爆管事故和系统停机事故[26]。

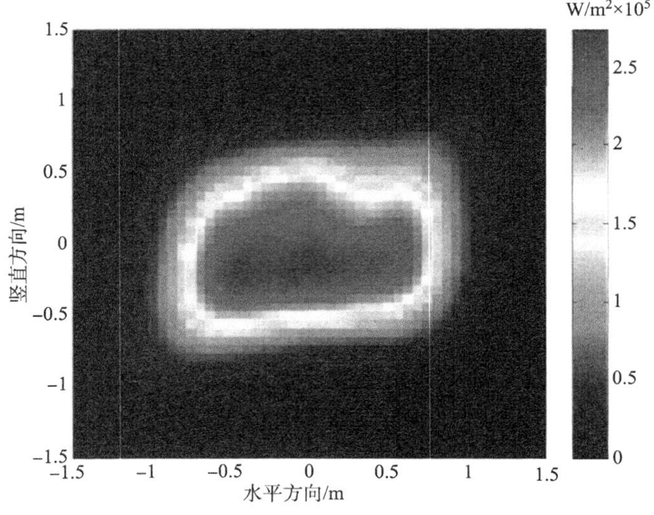

图 2-5　吸热器能流密度分布图

（3）工质类型及相态

在不同的能源系统内，采用的工质也不相同，例如：水/水蒸气（超临界锅炉水冷壁、水冷堆等）、空气（空冷换热器、太阳能吸热器）、制冷剂（换热器、蒸发器）、熔盐（塔式太阳能吸热器）等。现有这些工质主要分为单相工质和多相工质，而多相工质以气液两相工质最为常见。在一些系统运行中，随着工况的变化，工质可能会发生相变，其相态也会发生转变。例如，在锅炉水冷壁系统的运行中，随着锅炉负荷的不同，进口分配集箱中的工质可能从单相过冷水变为汽液两相混合物、最后转变为过热蒸汽，或者超临界流体等。随着工质类型及工质状态的变化，工质在并联管内的分配特性也不相同，尤其是当工质处于两相状态时，其流量分配特性与单相工质存在明显区别，影响因素及影响规律变得更为异常且复杂。

首先，单相工质的流量分配相对简单，当工质经过集箱内 T 形三通时，部分工质进入支管，而部分工质沿主流方向进入主管的下游管段，使工质在支管和主管下游管段之间形成特殊的分配关系。工质在沿集箱及各支管流动过程中的压力变化与工质的密度、黏度等物性参数密切相关，尤其是黏度对 T 形三通内的不可逆压力损失有着明显影响，相关实验数据[27]表明空气和水在分配 T 形三通内压降变化特性存在显著区别，两者压降变化系数之间的最大相对偏差达到 84%，平均相对偏差达到 46%。由于应用环境及需求不同，各类并联管换热设备采用的工质也多种多样，不同工质间的密度、黏度等物性千差万别，例如图 2-6 给出了现有并联管系统中几类常见工质的密度及黏度对比。从图 2-6 中可以明显看出，不同工质间的物性差异非常明显，例如水、空气、制冷剂等为典型的低黏度流体；熔盐为典型的高黏度流体。熔盐黏度是其他工质黏度的几十倍到几百倍，而且其黏度随温度的变化极为剧烈。此外，工质物性也会影响各支管内的流动传热过程，导致管内不同工质的阻力特性及传热特性呈现出一定的差异，进而影响到并联管的流量分配结果。例如，与水相比，熔盐黏度明显较高，导致熔盐的普朗特数普遍远高于水的普朗特数，导致熔盐的传热特性与水有一定的区别。表 2-1 给出了近几年获得的一些关于管内熔盐传热特性的实验数据及其与经典关联式的对比结果。从表 2-1 中可以看出，经典关联式在预测熔盐的传热特性时，多数情况下误差往往高于 10%，有些甚至高达 35%。

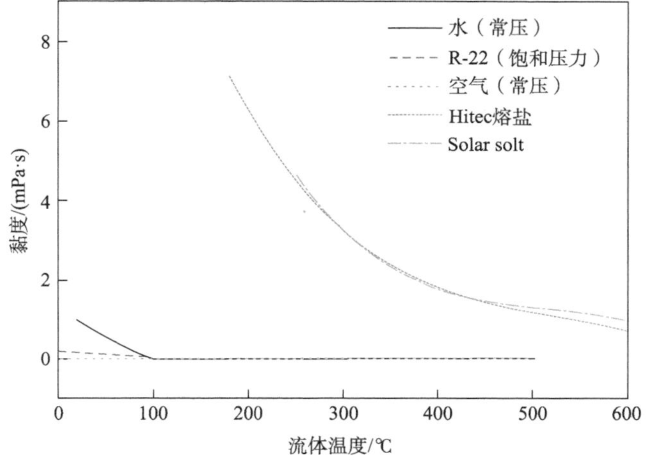

图 2-6　常见工质的黏度对比结果

表 2-1　近几年一些主要实验数据及其与经典关联式的对比结果

作者，年代	熔盐类型	换热方式	管径	实验范围	与经典关联式预测值的误差范围
Wu[28]，2012	Hitec	套管：熔盐（内管）-导油（外管）	外管：34mm 内管：20mm	Re：3184～34861； Pr：8.3～23.9	Dittus-Boelter：25%；Sieder-Tate：-15% Hausen：-20%；Gnielinski：-25%
刘闪威[29]，2015	低熔点配置熔盐	套管：熔盐（内管）-水（外管）	外管：57mm 内管：32mm	Re：14000～35000； Pr：9.5～12.2	Dittus-Boelter：23%；Seider-Tate：-10% Gnielinski：-20%
Chen[30]，2016	Hitec	套管：熔盐（内管）-导热油（外管）	外管：39mm 内管：20mm	Re：10000～50000 Pr：11～27	Dittus-Boelter：20%；Sieder-Tate：8% Hausen：10%；Gnielinski：7%
Qian[31]，2017	Hitec	管壳式换热器：熔盐（管侧）-熔盐/空气（壳侧）	壳侧：219/207mm 管侧：14/10mm	Re：987～12075； Pr：9.8～18.9	Sieder-Tate：30%；Hausen：-25%～10% Gnielinski：-25%～10%
Dong[32]，2019	Solar Salt	套管：熔盐（外管）-高温高压水/蒸汽（内管）	外管：45mm 内管：22mm	Re：4400～9730； Pr：40～70	Dittus-Boelter：35%（水），35%（蒸汽） Sieder-Tate：35%（水），-20%～10%（蒸汽） Hausen：35%（水），±20%（蒸汽） Gnielinski：35%（水），-10%～30%（蒸汽）
陈玉爽[33]，2019	Hitec	套管：熔盐（内管）-导热油（外管）	外管：39mm 内管：25mm.	Re：10000～50000； Pr：4～26	Dittus-Boelter：25%；Sieder-Tate：±20% Hausen：±20%；Gnielinski：±20%

相比于单相流，当工质形态为气液两相流时，由于两相间物性的差别，两相工质并不能均匀地分配进入支管中，即各相的流量进入支管的分配比例不同，其流量分配变得极为复杂，需要分别关注气相和液相在各支管的分配比例，这种分配比例的变化规律即是两相流的相分配特性。当前研究中广泛采用经典图来表示两相流体在T形三通内的相分配特性[23]，如图2-7所示。在图2-7中，纵坐标x_B/x_I是支管干度和三通进口干度的比值，横坐标M_B/M_I是支管总流量和三通进口总流量的比值(也称为"提取率")。*AB*线表示支管干度等于1，表明在该工况下，进入支管的都是气体；*BC*线表示$M_B \cdot x_B = M_I \cdot x_I$，表明支管中的气体流量和总进口的气体流量相等，说明进口位置处的气体全部进入支管。交叉点*B*点是一个完美的气液分离点，在该工况下，气体全部从支管流出，液体全部从另一个出口流出，这是T形三通作为气液分离设备的最佳运行点。*CD*线表明支管干度和进口干度相等，表示此时两相流体在T形三通内等干度分配，是锅炉水冷壁系统最理想的运行工况点。

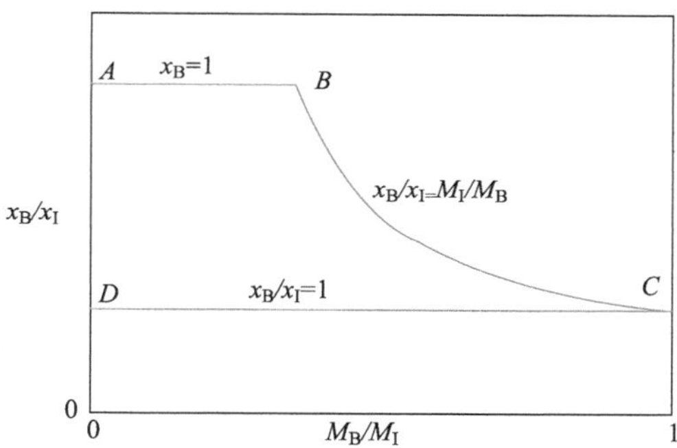

图2-7　两相流体在T形三通内的相分配特性

两相流流量分配的影响因素也更为复杂多变，尤其是流型成为一类重要的影响因素。单相流不存在流型变化，都是截面参数分布均一的流动。由于两相间物性差异及相间相互作用，两相流工质流型可能会呈现多种形式，例如，对于水平管来说，随着气液两相流速的变化，可能呈现的流型包括泡状流、分层流、波浪流、段塞(冲击)流、环状流等。图2-8给出了Mandhane提出的水平管气液两相流流型图[34]。图2-9给出了泡状流、环状流等水平管流型的两相分布示意图。从图2-9可以看出，当集箱进口两相流的流型不同时，截面上的气液两相分布不同，在经过集箱T形三通时，受重力、浮升力、惯性力、黏性力等各种因素影响，两相的分配比例也会有较大差异，如图2-10所示。与此同时，由于气液两相的物性差异，T形三通布置方式不同时，两相流在T形三通内的相分配特性也会有较大差异，例如，现有研究表明，相比于水平布置，当T形三通垂直向上布置时，气相由于密度较小往往更倾向于进入支管。

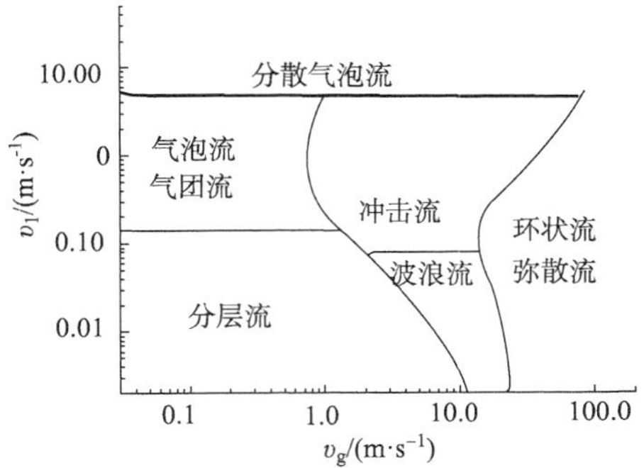

图 2-8　Mandhane 提出的水平管流型图[34]

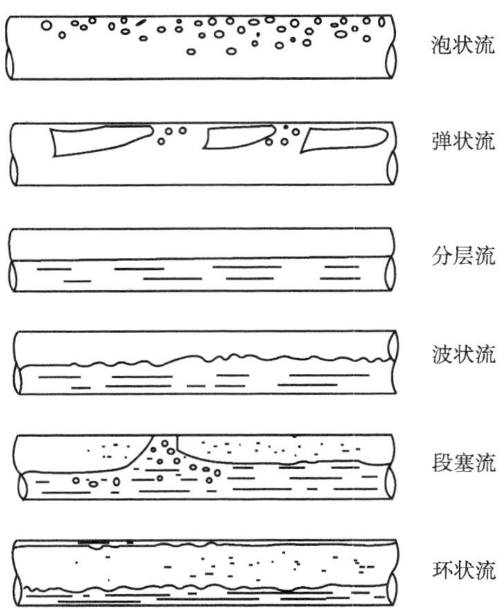

图 2-9　水平管内典型两相流流型的相分布示意图

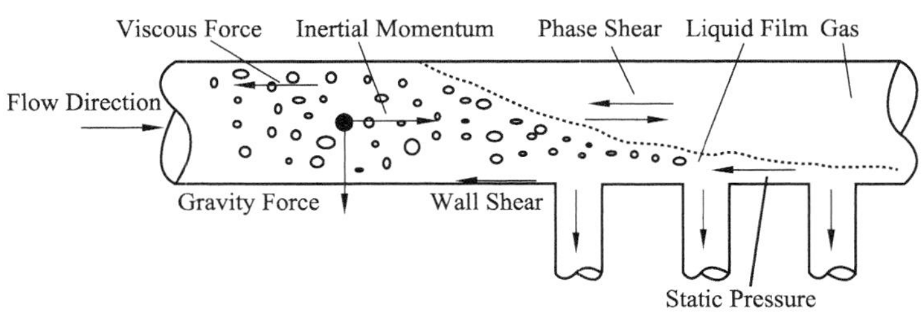

图 2-10　两相流工质所受作用力示意图[21]

2.2 国内外研究进展

对并联管内流量分配特性的研究，主要可以分为稳态条件下流量分配特性的研究和动态条件下流量分配特性的研究两大部分。稳态条件是指并联管进、出口边界条件(包括进口流体总流量，进出口流体压力，进、口流体温度，各支管热负荷等)不随时间变化。动态条件是指并联管进出口边界条件随时间发生改变。在实际过程中，这两种状态可以通过调节机组负荷参数来人为实现。以锅炉水冷壁的实际运行为例，可通过控制给煤量来调节水冷壁并联管的热负荷，通过控制给水量来调节水冷壁并联管的进口总工质流量，等等。当机组在额定负荷下稳定运行时，水冷壁进出口边界条件基本维持不变，水冷壁并联管系统处于稳态条件下运行。当机组处于变负荷运行条件下，随着机组负荷参数的变化，水冷壁进出口边界条件发生变化，此时水冷壁并联管系统处于动态条件下运行。主要研究方法可分为实验法和理论建模分析法。实验法的研究结果直观、可靠，但是实验法投入成本较大，而且实验工况受客观条件限制较大。理论建模分析法具有经济、方便等特点，受条件限制少，但是计算结果仍需实验数据论证。

2.2.1 稳态条件下流量分配特性研究

过去对于并联管内流量分配特性的研究大多是基于稳态条件下进行的，根据系统内流动工质的不同，主要可分为单相流体的流量分配特性和两相流体的流量分配特性。

2.2.1.1 单相流体流量分配特性

单相流体在并联管内的流量分配特性较为简单，研究方法较为成熟，而且针对该问题，过去学者建立了相对完善的数学模型，可以准确预测单相流体在并联管内的流量分配特性。根据模型的特点和应用，可以将现有关于并联管内单相流体流量分配特性的模型分为两类：第一类模型是针对并联管的集箱-支管结构对流量分配特性的影响，第二类模型是针对各支管受热条件对流量分配特性的影响。

集箱-支管结构是影响并联管内流量分配的重要因素，当集箱以及支管结构参数不同时，并联管内的流体静压变化情况不同，进而影响各支管的流量分配结果。

1971 年，Bajura[35]将支管看作是在集箱上开一条均匀宽度的长槽，不考虑支管内具体的流动过程，仅针对集箱内的流动过程建立了动量控制方程。该方法能极大地简化整个并联管流量分配的计算，被现行国内标准采用。但是，该方法忽略了支管内流动特性对流量分配的影响。在苏联和美国 CE 公司设计的计算方法[36]中，假设集箱中的静压分布符合抛物线分布，这样求解就不用联系整个管组，计算过程简便。然而，上述这些方法引入的简化假设太多，计算误差较大[37]。

1998 年，缪正清等[38]提出了连续性计算模型，该模型考虑了集箱以及各支管内流动过程中的沿程阻力损失，将集箱和并联支管内流动特性的变化视为数学上连续、可微的曲线，并对整个系统的流动建立微分方程，并获得了理论解。

1999—2001 年，赵镇南[39,40]建立了适用于预测 U 形、Z 形布置方式的并联管系统内流量分配特性的连续性数学模型，该模型通过对微分方程进行无量纲化，推导出一个重要的综合性无量纲性能参数，利用这个综合参数可以快速确定在集箱摩擦阻力压降相对较小条件下并联管系统内的流量分配特性和总压降。

1997 年，罗永浩等[41]提出了离散数学模型，该模型将整个集箱内的流动区域划分成一系列网格，在各个网格内建立离散控制方程，通过迭代法求解整个系统内的流动过程，并引入静压变化系数来计算单相流体在集箱 T 形三通中分流、汇流过程引起的静压变化。连续性计算模型需要求解大量微分方程，对于较为复杂的并联管系统，很难获得相应的理论解析解，而离散数学模型在保证计算精度的基础上，简化了求解过程，适用于工程计算。类似的，Wang[42]基于离散数学模型分别对 Z 形和 U 形集箱内的流量分配特性进行了计算分析，将计算结果与文献中的实验结果进行了对比，验证了离散模型的可靠性。2008 年，Lu 等[43]针对各类换热器中的并联管结构内的流量分配特性建立了离散数学模型，同时结合实验结果，对模型中关键参数(静压变化系数)的选取标准进行了分析和研究，给出了选定准则，并利用实验数据验证了离散数学模型的准确性。

2011 年，Wang[44]总结了前人的研究方法，提出了一个整体模型，该模型推导出了三个特征参数来直接分析各个影响因素对并联管内流量分配特性的影响规律。相比于离散数学模型，该模型最大的优点在于不需要迭代计算。基于该模型，Wang[45-47]分别针对各类形式下的并联管系统内的流量分配特性开展了数值计算研究，获得了较好的预测结果。

上述所有这些研究模型属于第一类模型，主要用于解决冷态条件下单相流体在并联管系统内流量分配特性的研究，然而这些模型的计算方程均将流体物性视为常数，没有考虑各支管内流体由于受热引起的物性变化，无法体现并联管流量分配特性在不同热负荷条件下的差异。因此，这些模型仅仅适用于非受热条件下并联管系统内流量分配的预测。然而，对于诸如锅炉水冷壁等并联管系统，各支管内流体处于受热条件下，支管内流体由于受热而引起的物性变化对流量分配同样产生较大的影响。

2005 年，Ngoma 和 Godard 等[48]提出了一个数学模型来计算并联长受热管道系统内的流量分配特性，并且发现拥有热负荷最高的支管内可能分配得到的流量最低。

2008—2011 年，杨冬、张魏静、周旭、卢欢等[49-52]通过对锅炉水冷壁系统结构和炉内热负荷分布特征的分析和总结，将水冷壁划分为由流量回路、压力节点和连接管组成的流动网络系统，直接求解各个节点及回路中的质量守恒、动量守恒和能量守恒方程，建立了超(超)临界锅炉水冷壁流量分配和壁温计算数学模型。相比于与传统的图解法，该计算模型预测精度较高，且能够计算具有复杂结构的水冷壁系统内的流量分配及壁温分布。

2010—2011 年，朱晓静等[53,54]针对不同受热条件下两根垂直上升并联管系统内的流量分配特性开展了实验研究，并提出了数学模型。基于实验结果和数值计算结果，作者分析了亚临界压力下各支管流量分配特性随热负荷变化的响应特性规律。

2011 年，钟崴等[55]针对锅炉水冷壁集箱系统，创建了一种水动力特性分析模型，并研究了并联管各支管热负荷分布对系统流量分配特性的影响。通过计算，作者发现系统各支管内的流量随该支管热负荷的变化特性取决于该支管内流体的平均密度。

上述这些模型属于第二类模型，这类模型重点针对各支管热负荷变化对并联管内流量分配特性的影响，但为了分析方便，这类模型往往忽略了集箱对并联管内流量分配特性的影响，并假设各支管进、出口压力相等，这与实际情况不符。因此，第二类模型在研究集箱作用较为明显的并联管内的流量分配特性时，往往会产生较大的计算误差。综上所述，已有的数学模型在预测单相流体在并联管内的流量分配特性时，还存在一定不足，没有考虑集箱-支管结构及各支管受热条件等因素对流量分配特性的综合影响，适用范围及预测精度有限。

2.2.1.2 两相流体流量分配特性

两相间的相互作用使得两相流体在并联管内的分配特性变得异常复杂，单相流体和两相流体在并联管内分配特性主要的不同体现在流体在分配集箱 T 形三通内的流动形态。为了便于分析，国内外许多学者首先从单个 T 形三通内的两相流分配特性来展开研究。

1983 年，Saba 等[56]利用空气-水作为工质，研究了不同进口条件下，气液两相流在水平等径 T 形管内的压力变化特性和气液相分配特性，并基于实验数据提出了压降计算模型和相分配计算模型。

1986 年，Seeger 等[57,58]分别利用空气-水及高温水-水蒸气作为工质，研究了不同进口条件下，气液两相流在垂直上升、水平、垂直向下等不同布置形式下的等径 T 形三通内的压力变化特性和气液相分配特性，并根据实验数据提出了描述气液两相流分配特性的经验计算关联式。

1986 年，Rubel[59]以水和水蒸气为工质，系统研究了较低压力下汽液两相流在水平等径 T 形管内的相分配特性和压力变化特性，发现在几乎所有工况下，汽液两相都没有均匀分配进入支管。作者基于实验数据，对已有的数学模型进行了评价，发现 Seeger 的经验模型在提取率(支管总质量流量和主管总质量流量的比值)高于 0.3 时，与其实验数据吻合极好，当提取率低于 0.3 时，预测精度有所下降。

1988 年，Huang 等[60]利用空气-水作为工质，研究了低提取率下两相流在不等径水平 T 形三通内的相分配特性，重点研究了不同支管倾角下两相流体的相分配特性，并提出了唯象模型来描述 T 形三通内两相流的相分配特性。

1991 年，Groen[61]利用空气-水作为工质，系统研究了低进口干度条件下(低于 0.03%)两相流在不等径垂直向上三通内的相分配特性及压力变化特性，研究发现在低进口干度条件下，几乎所有的气相均进入垂直向上的支管内。

1993 年，Ballyk 等[62]利用高温水-水蒸气作为实验工质，研究不同进口干度、进口质量流量以及不同支管直径对气液两相流在水平 T 形管内的压力变化特性和相分配特性的影响，并提出了一个预测环状流条件下汽液两相流在 T 形管内分配特性的数学模型。

1994 年，Buel[23]利用空气-水作为工质，研究了不同进口条件下，气液两相流在水平等径 T 形管内的压力变化特性和气液相分配特性，进口流型包括分层流、波状流、分层波状流、段塞流、环状流等，基于实验数据对已有的数学模型进行了评价。

1995 年，Roberts 等[63]针对较大直径的水平等径 T 形管内的相分配特性开展了实验研究，T 形管直径为 0.125m，进口流型为环状流，基于实验数据，提出了用于预测环状流流型下的相分配特性的唯象模型。

1998 年，Walters 等[64]利用空气-水为实验工质，研究了气液两相流在水平不等径 T 形三通内的压力变化特性和气液相分配特性，重点研究了管径比(分别为 0.5、0.206)对 T 形三通内相分配特性的影响，并对已有的模型提出了经验关联式进行修正，使之可以适用于预测不等径三通内的两相流分配特性。1998 年，Gorp 等[27]基于该实验台进一步研究了管径比为 0.206 时的水平 T 形三通内的气液两相流分配特性，重点研究了进口压力的不同对 T 形三通内压降特性和气液相分配特性的影响，研究发现增大系统压力会增大两相流在 T 形管内的压降，增大系统压力对 T 形管内两相流相分配结果的影响比较复杂。

2000 年，Stacey 等[65]针对环状流流型下的空气-水两相流在较小管径条件下的 T 形三通内的相分配特性开展了实验研究，其中管内径为 0.005m，结果表明，减小管径可以增加支管内液相流量的分配比例。

2001 年，Elisabeth 等[66]通过实验研究了不同支管方向(水平布置、垂直向上、垂直向下)、不同直径比对 T 形三通内的两相流相分配特性的影响。实验工质为空气-水，进口流型包括环状流和分层流。同时，该作者还研究了两个连续连接的 T 形三通内两相流的相分配特性，其中，第一个 T 形管垂直向上，第二个 T 形管垂直向下，研究发现连续布置的两个 T 形三通之间的流动过程可能会相互影响，其相分配特性比分离开来的单个 T 形三通的相分配特性更加复杂。

2005 年，Das 等[67]针对分层流流型下的空气-水两相流在较小管径条件下(管内径为 0.005m)的 T 形三通内的相分配特性开展了实验研究，并将实验结果与其他文献中较大管径条件下相分配特性的实验结果进行了对比，发现在进口流型为分层流时，管径的变化对于相分配结果没有明显的影响。

2007—2011 年，Bertani 等[68,69]基于空气-水试验台，研究了气液两相流在水平 T 形三通内的压力变化特性及相分配特性。实验中，进口流型有间歇流、段塞流、环状流、弥散泡状流等。基于实验数据对已有的数学模型进行了评价，并通过引入一个修正系数对分相流压降计算模型进行了改进。

2013 年，Emerson 等[70]重点研究了段塞流等不稳定流型下气液两相流在水平 T 形三通内的流动特性，分析了进口流型为段塞流流型时各影响因素对气液两相流相分配特性的影响，为进一步建立适用于预测进口流型为段塞流流型时的相分配计算模型提供了依据。

将上述关于两相流在 T 形三通内的分配特性的实验研究进行汇总，汇总结果如表 2-2 所示。从表 2-2 可以看出，过去大量的实验研究大多均针对两相流在水平布置的 T 形三通内的分配特性，较少涉及垂直向上布置的 T 形三通内的两相流分配特性。在锅炉水冷壁系统中，其中间分配集箱大多均由垂直向上布置的 T 形三通组成，因此，亟须开展关于垂直向上布置 T 形三通内的两相流分配特性研究。

表 2-2　国内外关于 T 形三通内两相流相分配特性的实验研究汇总

作者及年代	工质	T 形管结构	管径	进口流型
Saba[56]，1983	空气-水	水平	等径，38.1mm	分层流、波状流、段塞流
Seeger[58]，1986	空气-水、水-水蒸气	水平、垂直向上、垂直向下	等径，50mm	分层流、泡状流、段塞流、环状流
Huang[60]，1988	空气-水	水平	等径，38mm	分层流、泡状流、环状流
Groen[61]，1991	空气-水	垂直向上	不等径 $D_1=230mm$ $D_3=100mm$	分层流、波状流、泡状流
Ballyk[62]，1993	水-水蒸气	水平	不等径 $D_1=25.65mm$ $D_3/D_1=1.0$、0.82、0.5	—
Buel[23]，1994	空气-水	水平	等径，37.6mm	分层流、波状流、环状流
Roberts[63]，1995	空气-水	水平	等径，125mm	环状流
Walters[64]，1998	空气-水	水平	不等径 $D_1=38.1mm$ $D_3/D_1=0.5$、0.206	分层流、波状流、环状流
Gorp[27]，1998	空气-水	水平	不等径 $D_1=38.1mm$ $D_3/D_1=0.206$	分层流、波状流、环状流
Stacey[65]，2000	空气-水	水平	等径，5mm	环状流
Elisabeth[66]，2001	空气-水	水平、垂直向上、垂直向下	不等径， $D_1=125mm$ $D_3/D_1=1.0$，0.6	环状流和分层流
Das[67]，2005	空气-水	水平	等径，5mm	环状流
Bertani[68,69]，2007、2011	空气-水	水平	等径，10mm	间歇流、段塞流、环状流、泡状流
Emerson[70]，2013	空气-水	水平	等径，34mm	段塞流

基于过去大量的实验研究结果，国内外学者对T形三通内的两相流分配特性也开展了一系列理论研究，主要研究内容包括两个方面：一个是相分配特性；另一个是压降特性。针对两相流体在T形三通内的相分配特性，现有模型可以分为以下三类：唯象模型、机理模型、经验模型。

（1）唯象模型

唯象模型是根据实验观察的现象，直接做出假设，建立描述相关物理现象的数学模型，该类模型只适用于环状流、分层流等特定流型下的相分配预测。

1997年，Azzopardi等[71,72]先后针对进口流型为环状流流型条件下的空气-水两相流在水平T形三通内的分配特性开展了一系列实验研究，并根据实验结果提出一个唯象模型，其模型原理如图2-11所示。该模型假设：①流入支管的液体仅来自液膜，气芯夹带的液滴全部继续通往Run方向；②流入支管的所有气体和液体均来自同一部分，如图2-11中φ角包围的区域。该模型仅适用于进口流型为环状流流型条件下的气液两相流相分配预测，而且需要先获得T形三通进口处流型的具体信息，例如，液膜厚度沿周向的分布情况等，计算过程较为烦琐。

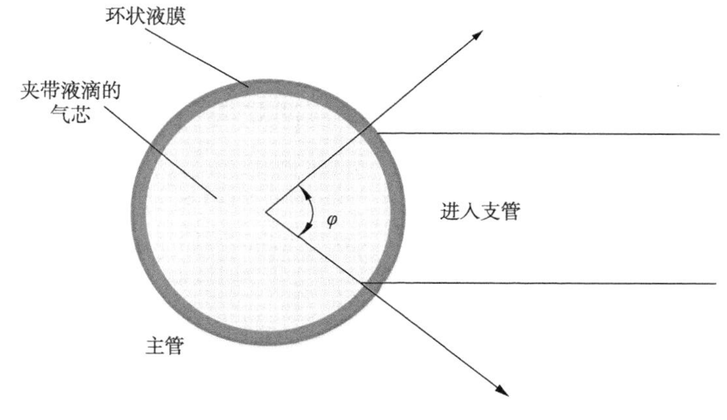

图2-11　模型原理示意图

1988年，Hwang等[60]结合实验观察及数据分析，基于“分离线”假设，提出了另一个唯象模型：该模型认为流体在流过T形三通分叉口时，在靠近支管的近壁处分别存在两条分离线，即气相分离线和液相分离线。只有相应分离线内区域的相应流体进入支管，分离线外区域的流体则直接流过T形三通，如图2-12所示。Huang模型的关键是寻找跟踪气相分离线和液相分离线，需要已知T形三通进口流动横截面上的相分布。作者利用该模型较为精确地预测了进口流型为分层流及环状流的两相流的相分配特性。与此类似，Penmatcha等[73]、Marti等[74]、

Peng 等[75]同样基于分离线假设，对进口流型为分层流以及分层波浪流流型的气液两相流在水平布置和垂直向下布置的 T 形三通内的相分配特性建立了唯象模型。

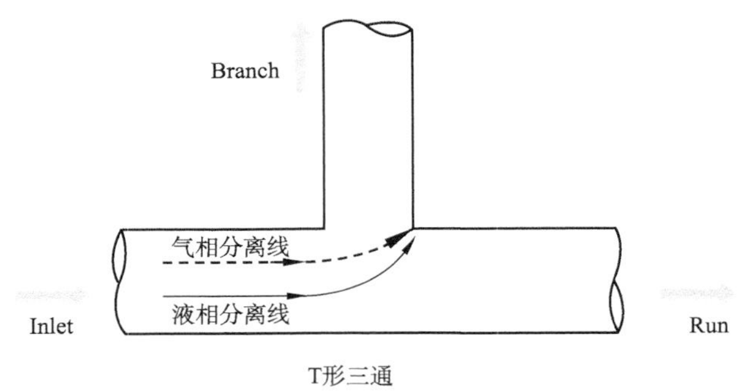

图 2-12　模型原理示意图

（2）机理模型

机理模型完全依据经典理论，分别建立气相和液相的质量和动量守恒方程。以图 2-3 中的 T 形三通结构示意图为例，在其进、出口 3 个界面(Inter、Run、Branch)上，总共有 9 个参数：G_i、P_i、x_i(i=Z、B、R)，在所有参数中，一般有 4 个参数作为已知边界条件，剩下 5 个未知量，需要建立 5 个相互独立的方程。模型有 4 个通用的基本方程，分别是气相质量守恒方程、液相质量守恒方程、Inlet-Run 方向和 Inlet-Branch 方向的总动量守恒方程，因此，还需要补充一个方程来描述 T 形三通内的相分配特性。当前文献中有两种机理模型：一类是以 Saba 为代表的双流体模型，Saba 和 Lahey[56]在原有基本方程的基础上，引入气相动量方程作为第 5 个方程。另一类是 1991 年，Hart 等[76]提出的一个宏观能量平衡方程(扩展的伯努利方程)，将其作为第 5 个方程，建立了关于 T 形三通内两相流相分配特性的机理模型，来研究在低持液率的进口条件下水平 T 形三通内两相流分配特性。该模型后来被 Ottens 等[77,78]进一步扩展，可用于其他进口条件下 T 形三通内两相流的相分配特性预测。

（3）经验模型

机理模型有严格的理论依据，然而，由于其补充方程中涉及的参数较多，而且这些参数大多在工程中难以确定，求解特别困难，因此在很多情况下，这种机理模型无法获得理论解。后来，有学者提出采用基于实验数据的经验关联式来代替机理模型中的理论方程作为补充方程，由此得到的这种模型被称为经验模型。经验模型首先由 Seeger 等[57,58]提出，在实验数据的基础上，建立支管与主管内流体的干度比值和相应流量比值的关联式，结合经典的质量和动量守恒方程，描述T形三通内两相流体的相分配特性。每种T形三通布置方式分别对应一个经验计算公式，例如：

垂直向上T形三通：

$$x_B/x_I=\eta^{-0.8} \tag{2-1}$$

$$\eta=M_B/M_I \tag{2-2}$$

水平T形三通：

$$x_B/x_I=5\eta-6\eta^2+2\eta^3+a\eta\,(1-\eta)^b \tag{2-3}$$

式中，a、b是经验系数，与进口流型有关。

经验模型兼顾了机理模型的优点，对所有流型具有一定的通用性，同时弥补了机理模型求解复杂的缺点，被广泛应用于工程计算中。但是，由于该模型中的经验关联式由实验数据拟合得出，其实际应用范围和计算精度受实验数据限制，例如，Rubel[59]将经验相分配计算模型与其实验数据对比，发现当提取率低于0.3时，经验相分配计算模型的预测精度明显降低。

从上述分析可以看出，现有的关于T形三通内两相流相分配特性的计算模型依然存在不足。唯象模型只适用于进口流型为环状流、分层流等特定流型的两相流的相分配预测，对进口流型为其他流型的两相流的相分配预测精度大大降低，例如Buel[59]基于其本人的实验数据对Hwang[60]建立的唯象模型进行了评价，发现当进口流型为环状流和分层流时，该模型的预测精度分别为88%和94%，而当进口流型为段塞流时，该模型的预测精度只有47%。机理模型由于计算方程中涉及的参数较多，而且这些参数大多在工程中难以确定，求解特别困难，很难应用于工程实际中。经验模型对所有流型均具有通用性，而且计算简单实用，但是计算精度和适用范围受实验数据的限制。而当前对垂直向上布置的T形三通内两相流相分配特性的实验研究十分有限，实验数据极为匮乏，极大限制了经验模型在实际工程中的应用。

针对两相流体在T形三通内的压降特性，不同学者同样建立了一系列计算模型，可以分为以下三类模型，下面以分配T形三通为例进行说明。

(1) 第一类模型

1977年，Collier[79]基于动量守恒定律，建立了关于两相流体在T形三通内的压降特性的计算模型。根据流体密度计算方法的不同，该类模型分为均相流模型和分相流模型。典型的均相流模型如下所示：

$$\Delta P_{I-B/R}=P_I-P_{B/R}=(K^*_{I-B/R})_H\left(\frac{G^2_{B/R}}{\rho_{H,B/R}}-\frac{G^2_I}{\rho_{H,I}}\right) \tag{2-4}$$

式中，下标R表示T形三通下游方向出口界面上的流体参数；B表示T形三通 Branch 方向出口界面上的流体参数；$(K^*_{I-B/R})_H$ 是均相流动量修正系数；ρ_H是两相流体的均相流流体密度，其计算公式如下：

$$\rho_H=\left[\frac{x}{\rho_G}+\frac{(1-x)}{\rho_L}\right]^{-1} \tag{2-5}$$

式中，ρ_G、ρ_L分别表示气相流体密度和液相流体密度；x 是界面上两相流体的质量含气率。

典型的分相流模型如下所示：

$$\Delta P_{I-B/R}=P_I-P_{B/R}=(K^*_{I-B/R})_S\left(\frac{G^2_{B/R}}{\rho_{M,B/R}}-\frac{G^2_I}{\rho_{M,I}}\right) \tag{2-6}$$

式中，$(K^*_{I-B/R})_S$ 是分相流动量修正系数；ρ_M是界面上两相流体的动量修正密度，其计算公式为：

$$\rho_M=\left[\frac{x^2}{\alpha\rho_G}+\frac{(1-x)^2}{(1-\alpha)\rho_L}\right]^{-1} \tag{2-7}$$

式中，α 是两相流空泡份额。

由于分相流模型中的动量修正系数$(K^*_{I-B/R})_S$ 极难确定，Saba and Lahey[56] 对关于 ΔP_{I-R}的分相流计算模型做了进一步改进，如下所示：

$$\Delta P_{I-R}=P_I-P_R=\frac{K^*_{I-R}}{2}\left(\frac{G^2_R}{\rho_{M,R}}-\frac{G^2_I}{\rho_{M,I}}\right) \tag{2-8}$$

式中，K^*_{I-R}是单相流压降损失系数。

(2) 第二类模型

Saba 和 Lahey[56] 认为两相流经过 T 形三通时所产生的压降包括两部分，分别是可逆压降和不可逆压降，如式(2-9)所示。

$$\Delta P_{I-B/R}=(\Delta P_{I-B/R})_{REV}+(\Delta P_{I-B/R})_{IRR} \tag{2-9}$$

式中，方程右侧第一项是两相流经过 T 形三通时所产生的可逆压降；方程右侧第二项是两相流经过 T 形三通时所产生的不可逆压降。

Saba 和 Lahey 针对 ΔP_{I-B} 建立了分相流计算模型(SFM)和均相流计算模型(HFM)。

分相流模型(SFM)：

$$(\Delta P_{I-B})_{REV}=\frac{\rho_{H,B}}{2}\left(\frac{G^2_B}{\rho^2_{E,B}}-\frac{G^2_I}{\rho^2_{E,I}}\right) \tag{2-10}$$

$$(\Delta P_{I-B})_{IRR}=K_{I-B}\frac{G^2_I}{2\rho_{L,I}}\varphi_S \tag{2-11}$$

式中，K_{I-B}是基于进口液相质量流量计算得到的单相压降损失系数；ρ_E是界面上两相流体的能量修正密度，其计算公式如式(2-12)所示；φ_S是分相流修正损失系数，其计算公式如式(2-13)所示。

$$\rho_E=\left[\frac{x^3}{\alpha^2\rho_G^2}+\frac{(1-x)^3}{(1-\alpha)^2\rho_L^2}\right]^{-1/2} \tag{2-12}$$

$$\varphi_S=\frac{\rho_{L,I}}{\rho_{M,I}} \tag{2-13}$$

均相流模型(HFM)：

$$(\Delta P_{I-B})_{REV}=\frac{\rho_{H,B}}{2}\left(\frac{G_B^2}{\rho_{H,B}^2}-\frac{G_I^2}{\rho_{H,I}^2}\right) \tag{2-14}$$

$$(\Delta P_{I-B})_{IRR}=K_{I-B}\frac{G_I^2}{2\rho_{L,I}}\varphi_H \tag{2-15}$$

式中，φ_H是均相流修正损失系数，计算方法如式(2-16)所示：

$$\varphi_H=\frac{\rho_{L,I}}{\rho_{H,I}} \tag{2-16}$$

Reimann 等[80]研究发现 Saba 和 Lahey 的均相流模型在提取率(支管总质量流量和主管总质量流量的比值)较低的工况下，预测值与实验值的偏差较大，为了解决这个问题，Reimann 等[80]提出了一个修正模型，如下所示：

$$\Delta P_{I-B}=(\Delta P_{I-B})_{REV}+y\cdot(\Delta P_{I-B})_{IRR},\ y=1.34 \tag{2-17}$$

同样地，Hwang 和 Lahey[60]、Ballyk 等[62]基于其实验数据，改进了 Saba 和 Lahey 分相流模型中关于两相流密度及分相流修正损失系数的计算方法，并与其实验数据进行了对比，获得了较好的预测结果。

(3) 第三类模型

1986 年，Reimann 和 Seeger[57]根据实验观察，认为流体在经过 T 形三通分流时，会有一个流动截面的突缩，然后恢复到正常流动，收缩截面用 C 表示，如图 2-13 所示，并在此基础上建立了计算模型。该模型认为 T 形三通内的压降由两部分组成，分别是进口截面 I 处到收缩截面 C 处的压降和收缩截面 C 到出口截面 R、B 处的压降，如公式(2-18)所示。

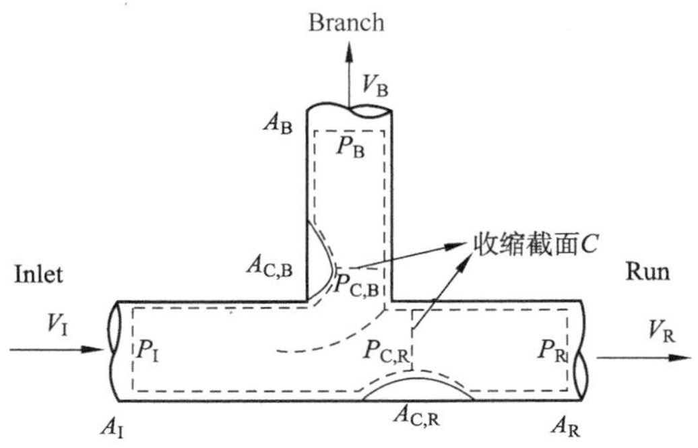

图 2-13　T 形三通内流动截面的变化

$$\Delta P_{I-R/B} = \Delta P_{I-C} + \Delta P_{C-R/B} \tag{2-18}$$

在关于单个T形三通内两相流分配特性研究基础上，过去国内外学者针对多个并联管组成的管道系统内的两相流分配特性开展了实验及理论研究。

1996年，王培斌等[81]以水-空气作为工质，对并联管系统中的流量分配特性进行了实验研究和理论分析，发现并联管中的流量分配不均与系统的进口质量流量和干度有关，同时也与进口两相流的流型、联箱的布置方式等多种因素有关。

1996—1998年，徐宝全等[82-84]在模拟直流锅炉集箱系统的空气-水试验台上，对水平布置的并联管系统内的两相流流量分配特性进行了实验研究，发现并联管系统中的两相流流量分配与分配集箱内的流动状况有关。作者进一步建立了各支管流量分配的计算式，其计算结果和实验结果符合较好，但是该计算式并没有考虑相分配因素。作者还发现在分配集箱进口装设加速管，能够有效地改进原有集箱系统的分配特性。

2006—2010年，朱玉琴等[85-88]针对国产600MW直流锅炉分配集箱在亚临界压力下以及超临界压力下的流量分配特性开展了实验研究。试验段由ϕ42mm×5.5mm的分配集箱、ϕ25mm×3mm的分配集箱径向引入管和ϕ10mm×1.5mm的支管组成。试验参数范围为：压力4~25MPa；质量流速400~1200kg·m^{-2}·s^{-1}；质量含汽率0~1.0；工质温度10~400℃。作者研究了工质压力、质量流速和集箱进口质量含汽率对各支管流量分配和相分配特性的影响。

2008—2009年，朱玉琴等[89,90]利用空气-水试验回路，模拟了600MW超临界变压运行直流锅炉在35%、50%、75%额定负荷下汽液两相流在中间分配集箱中的分配特性，分别采用快关阀门法和摩擦阻力法测量了各支管内流体的体积含气率和两相流流量，获得了各支管相分配特性随锅炉负荷的变化规律。

2009年，Mohammad等[91]以水和水蒸气为工质，对紧凑板翅式换热器内的流量分配特性开展了实验研究，试验段由水平圆柱集箱和8根矩形支管组成，作者研究了不同结构参数对系统流量分配特性的影响。

2009—2013年，庞力平团队[92-97]搭建了空气-水两相流分配试验台，针对径向引入单进口和双进口形式下的并联管系统内的两相流分配特性开展了一系列实验研究，研究发现在进口干度为0.006~0.244，质量流速为56~570kg·m^{-2}·s^{-1}的范围内时，并联各支管中的两相流量分配极不均匀。此外，作者首次提出加装笛形管均流器可以改善径向引入形式下的并联管内的两相流流量分配特性，提高气液两相分配均匀程度。

2010年，Ablanque等[98]建立了针对换热器内的并联管系统流量分配计算模型，该模型认为整个并联管结构由多根单管和一系列T形三通连接而成，采用一维两相流基本方程计算各支管内的流动与换热过程，基于经验相分配模型计算 T 形三通内的相分配特性，而经验相分配模型的计算精度受实验数据的限制，导致该模型在预测两相流的流量分配特性时，预测精度有限。

2013 年，张冬青等[99]根据上海锅炉厂有限公司 350MW 超临界循环流化床锅炉水冷屏的结构，选取 4 根下降管和 4 根上升管，建立了竖直集箱内空气-水两相流动试验平台。基于其实验数据，拟合了相分配计算方程，并结合质量守恒、动量守恒方程，建立了竖直集箱内流量分配的数学计算模型。通过该研究，作者获得了各支管流量分配随进口总流量和进口干度的变化规律。

综上所述，过去学者针对稳态条件下并联管内工质的分配特性已经开展了较为深入广泛的研究，但是还存在较大不足，尤其是关于两相流的流量分配特性。在实验研究方面，目前大多数研究针对水平布置的 T 形三通及并联管内两相流的流量分配特性，对垂直向上布置的 T 形三通及并联管内两相流的分配特性的实验研究十分有限，实验数据较为匮乏。另外，过去大多实验研究中的测量仪表或测量设备的出现对 T 形三通及并联管内的两相流分配形成额外干扰，相关流量测量设备或其他参数测量设备上的压力降影响了并联管原有的流量分配特性，使其研究结果与实际应用情况之间出现一定的偏差。在理论分析及数值计算方面，现有的大多数学模型并没有同时考虑集箱的分配作用以及支管受热条件对流量分配的影响，计算精度及适用范围相对有限，在预测类似锅炉水冷壁等受热并联管系统中的流量分配特性时会产生较大的误差。再者，两相流体在并联管系统内流量分配特性十分复杂，影响因素极多，尽管国内外学者针对单个 T 形三通内两相流体的分配特性开展了大量研究，并提出了一系列数学模型，但是，这些模型的预测精度及适用范围仍然有限，而且当前并没有一个较为完善统一、可以准确预测各类进口流型下整个并联管系统内的两相流流量分配特性的数学模型。

2.2.2 动态条件下流量分配特性的研究

由于动态条件下开展实验测量以及理论建模的难度较大，目前关于动态条件下并联管内流量分配特性的实验或者理论建模研究非常有限。有学者通过一定程度的简化，从不同角度针对这个问题进行探索，主要分为以下两类研究。

2.2.2.1 单管动态特性研究

这类研究主要针对锅炉水冷壁系统，不考虑并联管内分配集箱中的流量分配环节，采用单根受热管道来代替整个并联管系统，研究系统进、出口流体流量、压力以及壁温等参数在变负荷过程中的动态响应特性。

1995 年，郑建学等人[100]在高温、高压汽水两相流试验回路上对蒸发受热面的阶跃动态响应特性展开了实验研究，分析了亚临界压力和超临界压力下受热管道内流体的动态响应特性。

1999 年，黄锦涛等[101]对于亚临界压力下受热管道内单相流体的阶跃动态响应特性进行了实验研究，并与其提出的动态特性模型做了对比，两者吻合较好。

同年，傅龙泉等人[102]在高温、高压实验台上对螺旋管圈形蒸发受热面在亚临界压力和超临界压力下的动态特性开展了实验研究，通过分析在不同的输入扰动量作用下输出参量的动态响应特性，发现工质物性随温度、压力的变化特性对动态响应特性有较大影响；出口工质为两相状态时受热管道内工质的动态特性与出口工质为单相水时受热管道内工质的动态特性有较大差别。

从上述文献可以看出，由于实验的难度较大，目前国内外关于锅炉水冷壁系统动态特性的实验研究较少，实验数据匮乏。大多学者往往借助于数学建模的方法来研究锅炉水冷壁系统在正常运行及启、停过程中的动态特性，所采用的模型主要包括固定边界模型和移动边界模型。

刘树青等[103]建立了关于超临界直流锅炉蒸发器动态特性的固定边界模型。固定边界模型将受热管段划分为一系列固定长度的区域，进而采用数值差分法计算各区域内流体参数的动态变化过程，但是该方法由于不能实时追踪相变点位置的变化，在水冷壁动态特性仿真计算中的应用相对较少。移动边界模型把相变点的位置作为独立变量植入整个计算模型，并基于工质的物性变化特征，在亚临界压力下将整个受热管划分为过冷水区、两相蒸发区、过热蒸汽区三类区域，而在超临界压力下将整个受热管划分为拟过冷水区和拟过热蒸汽区，然后采用集总参数法来建立并求解各个区域的微分控制方程。该模型具有计算简洁清晰、可以实时跟踪相变点位置等优点，在水冷壁动态特性的仿真模拟中应用最为广泛。

1987 年，章臣樾[104]在其著作中详细介绍了移动边界模型，该模型将水冷壁划分为热水段、蒸发段、微过热段。每一段的长度作为变量引入模型中，根据每段工质特性的变化选取不同的集总参数点，并根据质量、能量和动量守恒定律，分别建立三个管段内的数学方程。

1998 年，范永胜等[105]以某 600MW 机组超临界直流锅炉的蒸汽发生器为研究对象，建立适用于全工况仿真的非线性移动边界动态数学模型，并利用该模型分别针对亚临界工况和超临界工况下的水冷壁动态响应特性进行了仿真研究。

2008 年，Li 等[106]以 10MW 高温气冷堆中的直流蒸汽发生器为研究对象，建立了移动边界模型，并利用该模型对直流蒸汽发生器在进、出口边界条件阶跃扰动后的动态响应特性进行了仿真计算，仿真结果表明该模型可以较好地预测直流蒸发器的动态特性。

然而，移动边界模型在模拟跨临界压力区的动态过程时，模型中的微分方程组会由于亚临界两相区的消失而使其刚性将会变得无限大，进而引发微分方程无法求解的问题。为解决该问题，范永胜等[105]引入线性过渡方法，李运泽等[107]提出了重新分区的思路，将亚临界区域和超临界区域统一划分为过冷水段、过渡段和过热蒸汽段，使得移动边界模型可用来模拟跨临界过程中锅炉水冷壁系统的动态特性。类似地，Li 等[108]将亚临界区域仍然划分为热水区、两相区、过热蒸汽区，并采用类似的方法基于流体焓值将近临界区域和超临界区域同样划分为热水区、高换热系数区、过热蒸汽区三个区域，并模拟了锅炉水冷壁系统的动态特性。

2.2.2.2　并联管动态流量分配特性研究

上述关于锅炉水冷壁动态特性的实验和理论研究中，均忽略了集箱的流量分配环节，这与锅炉水冷壁系统的真实变负荷运行过程不符。由于直接研究整个并联管系统内两相流体的动态流量分配特性较为困难，有些学者首先针对单个 T 形三通内的动态流动与分配特性展开了研究。

2001 年，Ottens 等[109]首次建立了一个适用于预测进口流型为分层流的两相流体在水平 T 形三通内的瞬态流量分配特性的数学模型，该模型将 T 形三通内的气液相分离看作准稳态过程，模型由一维瞬态双流体计算模型、T 形三通稳态相分离模型两部分组成；作者同时开展了动态条件下空气-水两相流在 T 形三通内的流动特性实验，实验数据与模型计算结果的对比表明该建模方法在用于模拟动态过程中气液两相流流量分配特性时具有可行性。然而，该计算模型适用范围有限，仅适用于进口流型为分层流流型下的工况，而且该模型没有考虑流体物性的变化，仅适用于冷态条件下流量分配的预测。

2007 年，Baker 等[110]在调研了大量文献之后指出，对于在动态条件下气液两相流的流量分配特性的实验研究和数值模拟研究几乎空白，并通过实验，初步定性分析了在进口气液流速变化过程中空气-水两相流在 T 形三通内的瞬态流量分配特性。

此外，李磊等[111]于 2010 年建立了适用于预测反应堆热工水力系统并联通道内瞬态流量分配特性的计算程序，模拟了并联通道系统在总进口流量、热负荷等边界条件剧烈变化过程中的流量分配特性，但是该程序完全没有考虑集箱因素对流量分配的影响作用，假设各支管进、出口压力相等。

从上述研究可以发现，现有的关于动态条件下并联管内流量分配特性的实验及数学模型的研究还远不成熟，没有一个可用于预测并联管系统在动态过程中流量分配特性的数学模型。

2.3 本章小结

近几十年来，无论是在实验研究方面还是在理论研究方面，国内外关于流量分配特性均取得了巨大进展，研究方法日益成熟多样。然而，过去的研究还存在着一些不足。首先，大多传统的并联管流量分配计算模型出于求解便利，往往忽略了气液两相流在集箱内的相分配过程，甚至直接忽略集箱对流量分配的影响作用，导致其计算结果与当前实际锅炉水冷壁运行过程不符，计算精度及适用范围有限。其次，大多研究模型为了简化处理，往往忽略支管壁面的传热过程，没有深入分析两相流流量分配特性对各支管出口流体焓值及出口壁温分布的影响，导致其相关结论的实际指导意义有限。另外，过去的并联管流量分配特性研究往往基于稳态条件而进行，建立的数学模型无法适用于分析和预测实际变负荷动态过程中水冷壁内工质的流量分配特性。

3 并联管内工质流量分配及传热偶合计算模型

本章在现有研究的基础上，建立了适用于预测和分析并联管系统在稳态工况及动态过程中工质流量分配特性的计算模型，并利用现有文献中的实验数据，对本书模型进行了验证。

3.1 现有模型总结

传统研究模型在计算并联管内工质的流量分配特性时，还存在一些不足，主要体现在：①当今许多能源系统正面临着日益频繁的调峰任务，以往的数学模型往往是基于稳态条件而建立的，无法适用于实际变负荷动态过程中工质流量分配特性的分析和预测；②出于求解便利，多数模型没有考虑气液两相流在集箱内的相分配过程，甚至忽略集箱(尤其是汇集集箱)的影响作用，而且在现有大多实验研究中，为了各支管两相流量测量的需要，往往也不设置汇集集箱，使得其得到的相关规律与真实情况间存在一定偏差，现有研究表明，集箱在并联管内流体的流量分配尤其是两相流体的流量分配中扮演着十分重要的角色，忽略集箱对流量分配的影响作用会给模型的预测结果带来较大的误差；③目前针对受热条件下水-水蒸气两相流的流量分配研究严重缺乏相关的预测模型和规律，多数研究往往以空气-水来代替水-水蒸气作为模拟工质，但是在实际工业设备运行条件下水-水蒸气的物性会随着压力、温度等发生大幅度变化，导致以空气-水为模拟工质的相关研究结果对实际运行的指导意义不足；④一般在实际工程中，相比于各支管进口流体流量、流体干度参数、各支管出口流体焓值及出口壁温分布更具实际意义，直观展现了各支管气液两相流量分配均匀程度对系统运行安全性及可靠性的影响结果。而现有模型往往没有耦合支管传热过程，没有分析两相流流量分配特性对各支管出口流体焓值及出口壁温分布的影响，导致其相关结论的实际指导意义有限。

针对上述这些不足，本章首先基于离散建模法，以水和水蒸气为工质，通过对集箱及各支管内的流动区域进行统一的网格划分和耦合求解，建立并联管内两相流体流量分配及传热耦合计算模型，相比于传统模型，该模型做了以下改进：①在T形三通网格内分别建立分配T形三通及汇集T形三通内工质的压力变化计算方程及相分配计算方程，考虑集箱内两相流分流及汇流过程对流量分配特性的综合影响；②在支管网格内建立工质的质量、动量、能量守恒方程及内壁面对流换热方程，考虑了流量分配与支管壁面对流传热过程的耦合，并引入壁温计算模块；③通过在离散控制方程中引入时间项考虑了工质参数随时间的变化。利用现有文献中的实验数据对模型进行了验证。

3.2 模型的建立

并联管系统基本结构的简化示意图如图3-1所示。

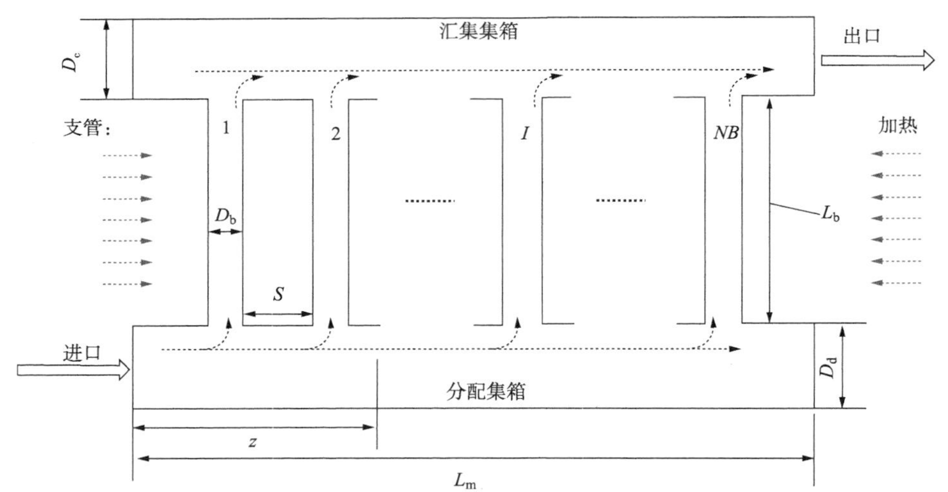

图3-1 并联管基本结构示意图

在图3-1中，单相流体或者两相流体从分配集箱流入，然后进入垂直上升的并联受热管，最后直接流出或者汇入汇集集箱后流出。在各支管内流体的流动过程中，流体吸收管壁传来的热量，流体物性会发生变化。此外，在图3-2中，根据汇集集箱设置的不同，并联管形式可分为以下三类：当汇集集箱内工质流动方向与分配集箱相同时，并联管形式为Z形[图3-2(a)]；当汇集集箱内工质流动方向与分配集箱相反时，并联管形式为U形[图3-2(b)]；现有不少研究在求解两相流流量分配问题时，为简化求解，往往忽略汇集集箱的作用，将并联管简化为图3-2(c)所示的形式。

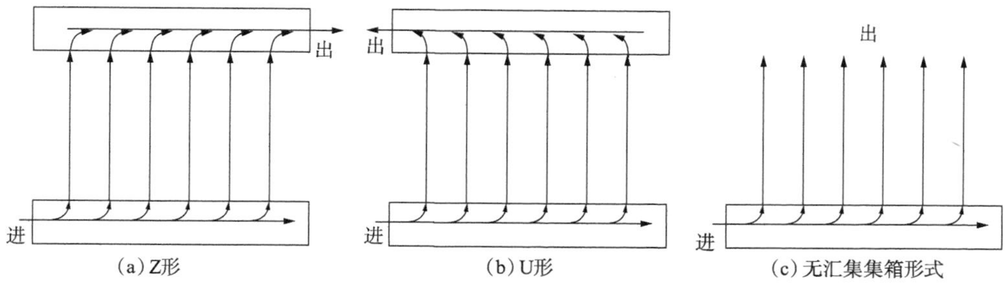

(a) Z形　(b) U形　(c) 无汇集集箱形式

图 3-2　常见的几类并联管形式

3.2.1　模型假设及基本方程

为了便于建模，本章模型采用以下假设：

(1) 支管内的流动过程视为一维流动；

(2) 由于集箱不受热，分配集箱中的流体温度视为定值；

(3) 各支管的管壁与管内工质之间只存在径向换热；

(4) 在动态过程中，集箱内流体的压力及流量变化视为准稳态过程，因为支管内流体受到加热，流体温度及密度变化相对比较缓慢，相比于支管内流体的动态流动与换热过程，集箱内流体不受热，流体在集箱中的压力和流量变化可视为是瞬间完成的。

本文模型基于以下一维非稳态 N-S 方程来计算并联管内流体的流动与换热过程。

质量守恒方程：

$$A\frac{\partial\rho}{\partial t}+\frac{\partial M}{\partial z}=0 \tag{3-1}$$

动量守恒方程：

$$\frac{\partial M}{\partial t}+\frac{\partial}{\partial z}\left(\frac{M^2}{\rho A}\right)+A\frac{\partial P}{\partial z}+C_f\cdot\frac{M^2}{\rho A}+\rho gA\sin\theta=0 \tag{3-2}$$

能量守恒方程：

$$A\frac{\partial(\rho H)}{\partial t}+\frac{\partial(M\cdot H)}{\partial z}=Q \tag{3-3}$$

基于国际水与水蒸气工业计算标准 IAPWS IF—97，计算工质的物性，如式(3-4)所示：

$$\rho=f(P,\ H) \tag{3-4}$$

式中，ρ、P、H、M 分别表示流体的密度、压力、焓值和质量流量；A 是管内流通横截面积；θ 是流体流动方向与水平方向之间的夹角；Q 是线热流密度；C_f是流体沿流动过程中的阻力系数，包括摩擦阻力部分和进、出口局部阻力部分，按式(3-5)计算：

$$C_{\mathrm{f}}=\frac{f}{2D_{\mathrm{h}}}+\frac{K_{\mathrm{in}}\delta_{\mathrm{d}}(z)}{2}+\frac{K_{\mathrm{out}}\delta_{\mathrm{d}}(z-l)}{2} \tag{3-5}$$

式中，D_{h}是管道水力直径；K_{in}、K_{out}分别是进、出口局部阻力系数；$\delta_{\mathrm{d}}(x)$是一维狄拉克函数，对应于进口位置，$z=0$，出口位置，$z=l$；f是摩擦阻力系数。

3.2.2 全局网格划分

为了精确计算集箱及各支管内流体流动过程中流量、压力及温度等参数的变化，本文模型将包括集箱和各支管在内的整个流动区域划分为一系列网格，图 3-3 给出了本文模型对并联管内流动区域的网格划分结果。在图 3-3 中，支管序号用 I 表示($I=1$，2，…，N_{B})，各个网格用(i，j)编号表示。沿水平方向将集箱内的流动区域共划分($2N_{\mathrm{B}}+1$)个网格[如图 3-3 所示，网格编号(i，j)的编号 i，$i=1$，2，…，$2N_{\mathrm{B}}+1$]，沿垂直方向将支管内的流动区域共划分($N_{\mathrm{C}}-2$)个网格(如图 3-3 所示，网格编号(i，j)的编号 j，$j=2$，3，…$N_{\mathrm{C}}-1$)。各流体网格进、出口界面上的计算参数如图 3-4 所示。

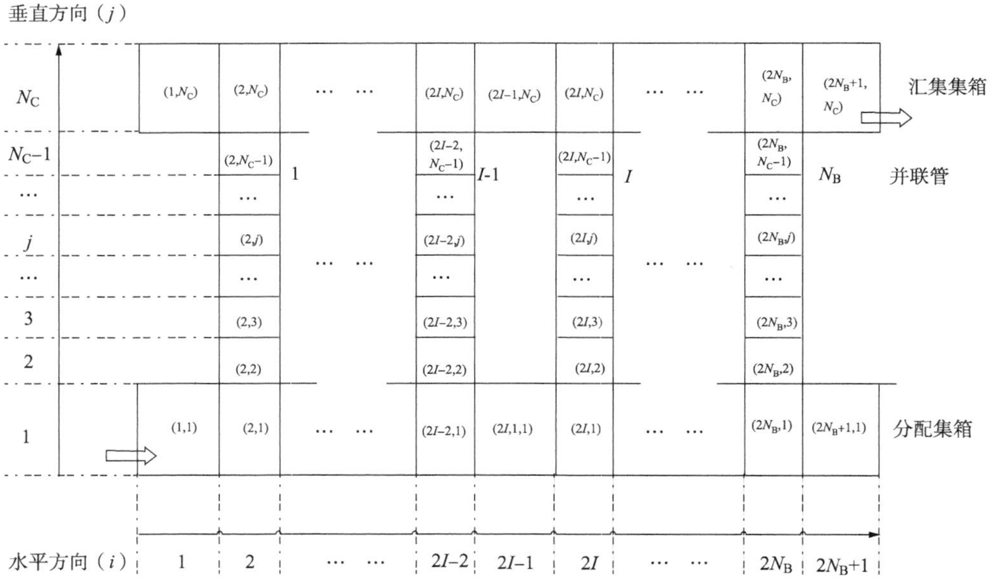

图 3-3　并联管内流动区域的网格划分

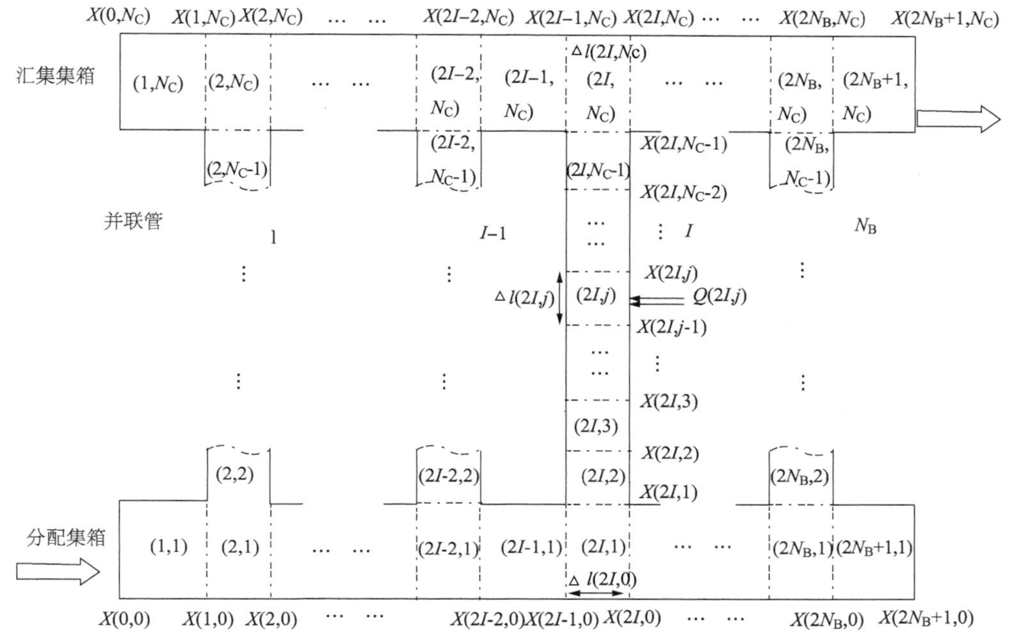

图 3-4　网格进出口界面上的计算参数

在图 3-4 中，网格(i, j)出口界面的参数用$X(i, j)$表示，X包括流体密度ρ、流体流量M、流体焓值H、流体压力P等。本文采用同位网格的方式，将各网格内的流体流量、密度、压力等参数储存在网格的中心，从网格进口界面到网格出口界面对质量、动量、能量守恒方程公式(3-1)~公式(3-3)的空间导数项进行积分，对时间导数项进行向前差分，建立各个网格内的离散控制方程。下文将分别针对集箱及各支管内不同流体网格内流体的流动及换热过程，建立相应的质量、动量、能量离散控制方程。

3.2.3　离散控制方程

首先根据工质流动特性的不同，本文将集箱内的所有网格分为两类，第一类是 T 形三通部分，简称“三通网格”，图 3-3 中的网格$(2I, 1)$，$I=1, 2, 3\cdots, N_B$为分配 T 形三通网格，网格$(2I, N_C)$，$I=1, 2, 3\cdots, N_B$为汇集 T 形三通网格，T 形三通是并联管进行流量分配的核心结构，也是模型的关键所在。图 3-5 给出了第I根支管进出口对应的分配 T 形三通网格及汇集 T 形三通网格内的工质流动过程。

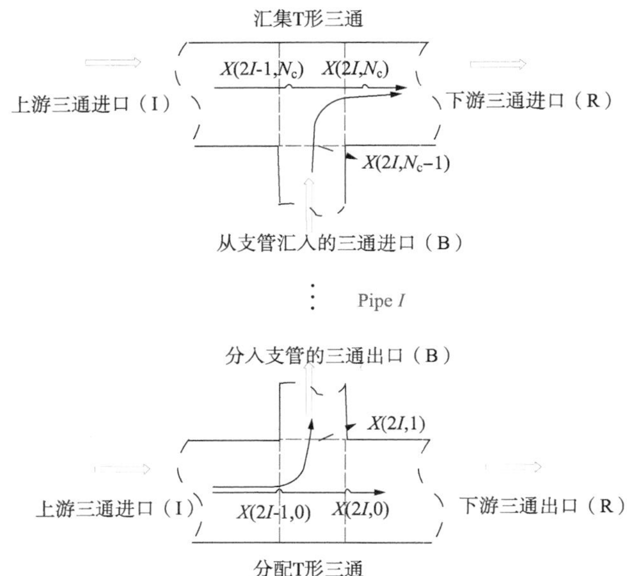

图 3-5　第 I 根支管进出口 T 形三通网格内的工质流动过程

如图 3-5 所示，两相工质在 T 形三通内进行分流和汇流，流动方向发生改变，共有 3 个进、出口方向。本文为了便于表示，位于 T 形三通上游进口的方向，其参数用下标 I 表示，分配进入支管的出口方向或者从支管汇入三通的进口方向，其参数用下标 B 表示，位于 T 形三通下游出口的方向，其参数用下标 R 表示。集箱中的其余网格为第二类网格，是支管间的流动部分，简称“管间网格”，在该类网格中，流体直接流过，如图 3-3 中的网格$(2I-1,\ 1)$和$(2I-1,\ N_C)$，$I=1,\ 2,\ 3\cdots,\ N_B$。

3.2.3.1　第一类流体网格(三通网格)

在分配集箱的 T 形三通网格内，集箱内流动一分为二，一部分工质进入支管，另一部分工质继续沿集箱流动进入集箱下游管段。由于单相流体和两相流体在 T 形三通内呈现不同的流动特性，本小节将分别针对单相流体和两相流体在 T 形三通内的流动特性建立相应的离散控制方程。

首先，亚临界过冷水、过热蒸汽以及超临界流体可以视为单相流体，而且由于分配集箱不加热，工质密度等物性可视为常数。单相流体在 T 形三通内的流动特性较为简单，流体直接分为两部分：一部分流入支管；另一部分沿集箱方向流入下一个流体网格。在 T 形三通网格$(2I,\ 1)$内，质量守恒方程如下所示：

$$M(2I,\ 0)=M(2I-1,\ 0)-M(2I,\ 1) \tag{3-6}$$

基于离散数学模型[43]来建立单相流体在T形三通网格内的动量守恒方程：

$$P(2I,\ 0)=P(2I-1,\ 0)-f(2I,\ 0)\cdot\frac{\Delta l(2I,\ 0)}{2\cdot D_{D}\cdot\rho(2I,\ 0)\cdot(A_{D})^{2}}\cdot\left[\frac{M(2I-1,\ 0)+M(2I,\ 0)}{2}\right]^{2}+\frac{K_{D}}{\rho(2I,\ 0)\cdot(A_{D})^{2}}\cdot[M(2I-1,\ 0)^{2}-M(2I,\ 0)^{2}] \tag{3-7}$$

式中，下标D表示分配集箱对应的参数；K_D是单相流体经过T形三通分流后引起的静压变化系数，本文依据文献[43]的实验数据来选取K_D的数值。

由于分配集箱内的流体没有热量交换过程，能量守恒方程如式(3-8)所示：

$$H(2I,\ 0)=H(2I-1,\ 0) \tag{3-8}$$

对于气液两相流体，两相间的相互作用使得两相流体在T形三通时的分配特性变得异常复杂。在前文绪论中已有分析，现有的关于T形三通内两相流分配特性的计算模型主要有三类：①唯象模型，该模型主要针对进口流型为环状流和层状流的两相流的分配特性，对进口流型为其他进口流型的两相流的分配特性的预测精度较低；②机理模型，该模型涉及的参数较多，而且这些参数大多在工程中难以确定，求解特别困难，因此在很多情况下，这种机理模型无法获得理论解，在实际工程中应用有限；③经验模型，采用基于实验数据的经验关联式来代替机理模型中的部分理论方程，并结合经典的质量、动量守恒方程，反映相分配状况，该模型对所有流型均具有一定的通用性，且计算简单方便，但该模型的计算精度受实验数据限制。考虑到现有许多大型能源并联管系统结构复杂，支管数目庞大，而且进口工质状态随机组负荷的变化而变化，本文将基于经验模型来求解两相流体在分配T形三通内的分配特性。

首先，在T形三通网格(2I，1)内，两相流的质量守恒离散方程如式(3-9)所示。

两相质量守恒方程：

$$M(2I-1,\ 0)=M(2I,\ 0)+M(2I,\ 1) \tag{3-9}$$

气相质量守恒方程：

$$M(2I-1,\ 0)\cdot x(2I-1,\ 0)=M(2I,\ 0)\cdot x(2I,\ 0)+M(2I,\ 1)\cdot x(2I,\ 1) \tag{3-10}$$

动量守恒方程主要用来描述两相流体在T形三通内流动过程中产生的压降，动量守恒方程主要用来描述两相流体在T形三通内流动过程中产生的压降。如图3-5所示，两相流体经过分配T形三通的压降主要包括两个方向上的压降：

①从上游三通进口(I)到下游三通出口(R)的压降——$\Delta P_{D,I-R}$；②从上游三通进口(I)到分入支管的三通出口(B)的压降——$\Delta P_{D,I-B}$。对于T形三通内的两相流动压降的计算，目前主要有以下几类经典模型，如表3-1所示。

表3-1　两相流在T形三通内的压降计算模型

模型	模型简介
HFM[56]	Homogeneous flow model
SFM[56]	Separated flow model
BM[62]	Ballyk el al. model
HLM1[60]	Hwang and Lahey model with α calculated using the Zuber and Findlay model
HLM2[60]	Hwang and Lahey model with α calculated using the Rouhani correlation
RSM1[57]	Reimann and Seeger model with $y=1.0$
RSM2[57]	Reimann and Seeger model with $y=1.34$

本文搜集了现有文献中的各类实验数据，对表3-1中所有模型的预测精度做了详细对比分析，发现在绝大多数实验工况下，SFM(分相流)模型的预测精度最高，表3-2给出了表3-1中各类模型与Buel[23]的实验数据的对比结果。从表3-2中可以看出，在所有模型的预测中，SFM(分相流)模型的整体预测精度明显高于其他模型。

表3-2　与Buel的实验结果对比(水平T形管，空气/水，39个数据点)

模型	ΔP_{12}的预测		ΔP_{13}的预测	
	±50	±30	±50	±30
HFM	86.1	30.6	36.1	33.3
SFM	94.4	66.7	63.9	50.0
BM	44.4	27.8	2.8	0
HLM1	72.2	55.6	22.2	13.9
HLM2	61.1	41.7	25.0	13.9
RSM1	—	—	50.0	44.4
RSM2	—	—	11.1	8.3

本文采用分相流模型(SFM模型)来计算、分配T形三通内工质的压降，其计算方程分别如公式(3-11)、公式(3-12)所示。

$$\Delta P_{\mathrm{D,I-R}}=P(2I-1,\ 0)-P(2I,\ 0)=\frac{K_{\mathrm{D,I-R}}}{2}\left[\frac{G\ (2I,\ 0)^2}{\rho_{\mathrm{M}}(2I,\ 0)}-\frac{G\ (2I-1,\ 0)^2}{\rho_{\mathrm{M}}(2I-1,\ 0)}\right] \tag{3-11}$$

$$\Delta P_{\mathrm{D,I-B}}=P(2I-1,\ 0)-P(2I,\ 1)=\frac{\rho_{\mathrm{H}}(2I,\ 1)}{2}\cdot\left[\frac{G\ (2I,\ 1)^2}{\rho_{\mathrm{E}}\ (2I,\ 1)^2}-\frac{G\ (2I-1,\ 0)^2}{\rho_{\mathrm{E}}\ (2I-1,\ 0)^2}\right]+ K_{\mathrm{D,I-B}}\cdot\frac{G\ (2I-1,\ 0)^2}{2\cdot\rho_{\mathrm{L}}(2I-1,\ 0)}\cdot\varphi_{\mathrm{S}}(2I-1,\ 0) \tag{3-12}$$

式中，$K_{\mathrm{D,I-R/B}}$是分配 T 形三通两个流动方向上的压降损失系数，$K_{\mathrm{D,I-R/B}}$是通过拟合实验数据得出的关于支管与主管管径比(D_3/D_1)与提取率 η($\eta=W_3/W_1$)的经验关联式，例如：当管径比 D_3/D_1为 0.5 时，$K_{\mathrm{D,I-R/B}}$的计算公式如下[64]：

$$K_{\mathrm{D,I-R}}=0.592-0.267\cdot\eta+0.014\cdot\eta^2 \tag{3-13}$$

$$K_{\mathrm{D,I-B}}=1.032+0.063\cdot\eta+10.003\cdot\eta^2-3.593\cdot\eta^3 \tag{3-14}$$

式(3-11)、式(3-12)中，ρ_{H}是均相流密度；ρ_{M}是动量修正密度；ρ_{E}是能量修正密度；φ_{S}是分相流压降修正损失系数，其计算公式分别如下：

$$\rho_{\mathrm{H}}=\left[\frac{x}{\rho_{\mathrm{G}}}+\frac{(1-x)}{\rho_{\mathrm{L}}}\right]^{-1} \tag{3-15}$$

$$\rho_{\mathrm{M}}=\left[\frac{x^2}{\alpha\rho_{\mathrm{G}}}+\frac{(1-x)^2}{(1-\alpha)\rho_{\mathrm{L}}}\right]^{-1} \tag{3-16}$$

$$\rho_{\mathrm{E}}=\left[\frac{x^3}{\alpha^2\rho_{\mathrm{G}}^2}+\frac{(1-x)^3}{(1-\alpha)^2\rho_{\mathrm{L}}^2}\right]^{-1/2} \tag{3-17}$$

$$\varphi_{\mathrm{S}}=\frac{\rho_{\mathrm{L}}}{\rho_{\mathrm{M}}} \tag{3-18}$$

式(3-16)中，α 是空泡份额，计算公式[26]如下：

$$\alpha=\frac{1}{1+\dfrac{1-x}{x}\cdot\dfrac{\rho_{\mathrm{G}}}{\rho_{\mathrm{L}}}S} \tag{3-19}$$

式中，ρ_{L}是对应饱和压力下液相密度；ρ_{G}是饱和压力下气相密度；S 是相间滑移率，计算公式[112]如下：

$$S=\frac{\rho_{\mathrm{L}}}{(1-x)}\left\{\frac{1+0.12(1-x)}{\rho_{\mathrm{H}}}+\frac{V_{\mathrm{ReL}}}{G}-\frac{x}{\rho_{\mathrm{G}}}\right\} \tag{3-20}$$

$$V_{\mathrm{ReL}}=1.18\left[\frac{(\rho_{\mathrm{L}}-\rho_{\mathrm{G}})\sigma}{\rho_{\mathrm{L}}^{2}}g\right]^{1/4}(1-x) \tag{3-21}$$

能量守恒方程：

$$M(2I-1,\ 0)\cdot H(2I-1,\ 0)=M(2I,\ 0)\cdot H(2I,\ 0)+M(2I,\ 1)\cdot H(2I,\ 1) \tag{3-22}$$

除了上述2个质量守恒方程[公式(3-9)、公式(3-10)]、2个动量守恒方程[公式(3-11)、公式(3-12)]、1个能量守恒方程[公式(3-22)]之外，还需要补充一个描述T形三通内两相分配比例的相分配特性方程。本文采用由Seeger[58]提出的经验模型来计算T形三通内的相分配特性。经验模型首先由Seeger提出，在实验数据的基础上，建立支管与主管内流体的干度比值和相应流量比值的关联式，作为相分配特性方程。本文主要研究对象为垂直向上布置的T形三通，其相分配特性方程表示为：

$$\frac{x(2I,\ 1)}{x(2I-1,\ 0)}=\left[\frac{M(2I,\ 1)}{M(2I-1,\ 0)}\right]^{-0.8} \tag{3-23}$$

3.2.3.2 第二类流体网格

在分配集箱的第二类流体网格$(2I-1,\ 1)$，$I=1,\ 2,\ 3,\ \cdots,\ N_{\mathrm{B}}$内，流体直接流过，沿程会产生摩擦阻力损失，计算方程如下：

$$M(2I-1,\ 0)=M(2I-2,\ 0) \tag{3-24}$$

$$P(2I-1,\ 0)=P(2I-2,\ 0)-f(2I-1,\ 0)\cdot\frac{\Delta l(2I-1,\ 0)}{2\cdot D_{\mathrm{D}}\cdot\rho(2I-1,\ 0)\cdot(A_{\mathrm{D}})^{2}}\cdot\left[\frac{M(2I-1,\ 0)+M(2I-2,\ 0)}{2}\right]^{2} \tag{3-25}$$

$$H(2I-1,\ 0)=H(2I-2,\ 0) \tag{3-26}$$

在有些并联管系统中，并没有设置汇集集箱，各支管内流体直接流出系统，或者流入一个具有较大空间的设备内(比如气液分离器等)，对于这类情况，在计算中可以认为各支管的出口压力已知或者各支管的出口压力相等。在锅炉水冷壁、太阳能吸热器等并联管系统内，各支管内流体流出支管后，进入汇集集箱汇合后排出。在汇集集箱内，由于流体的汇合过程，沿程流体的流量、压力会发生变化。与分配集箱类似，将汇集集箱内的所有流体网格同样分为两类：第一类是T形汇集三通网格，如图3-3中的网格$(2I,\ N_{\mathrm{C}})$，$I=1,\ 2,\ 3,\ \cdots,\ N_{\mathrm{B}}$；另一类是两支管间的流动部分，如图3-3中的网格$(2I,\ -1,\ N_{\mathrm{C}})$，$I=1,\ 2,\ 3,\ \cdots,\ N_{\mathrm{B}}$。

在第一类网格中，在汇集T形三通网格中，支管内的流体流出支管进入T形三通，与三通上游进口的流体汇合后从三通下游出口流出，其质量、能量离散方程如下：

两相质量守恒方程：

$$M(2I,\ N_C)=M(2I-1,\ N_C)+M(2I,\ N_C-1) \tag{3-27}$$

气相质量守恒方程：

$$M(2I,\ N_C)\cdot x(2I,\ N_C)=M(2I-1,\ N_C)\cdot x(2I-1,\ N_C)+M(2I,\ N_C-1)\cdot x(2I,\ N_C-1) \tag{3-28}$$

能量守恒离散方程：

$$M(2I,\ N_C)\cdot H(2I,\ N_C)=M(2I-1,\ N_C)\cdot H(2I-1,\ N_C)+M(2I,\ N_C-1)\cdot H(2I,\ N_C-1) \tag{3-29}$$

如图 3-5 所示，在汇集 T 形三通中同样存在两个方向上的压降：①从上游三通进口(I)到下游三通出口(R)的压降——$\Delta P_{C,I-R}$；②从支管汇入方向的三通进口(B)到下游三通出口(R)的压降——$\Delta P_{C,B-R}$。目前计算汇集 T 形三通内两相流压降特性的计算模型较少，本文采用 G. Joyce[113,114] 提出的 MESFM 模型来计算，计算方程如下所示：

$$\begin{aligned}\Delta P_{C,I-R}=P(2I-1,\ N_C)-P(2I,\ N_C)=\frac{\rho_H(2I-1,\ N_C)}{2}\cdot\{x(2I-1,\ N_C)\cdot\\(V_G(2I,\ N_C)^2-V_G(2I-1,\ N_C)^2)+(1-x(2I-1,\ N_C))\cdot\\(V_L(2I,\ N_C)^2-V_L(2I-1,\ N_C)^2)+[x(2I-1,\ N_C)\cdot\\V_G(2I,\ N_C)^2+(1-x(2I-1,\ N_C))\cdot V_L(2I,\ N_C)^2]\cdot K_{C,M-R}\}\end{aligned} \tag{3-30}$$

$$\begin{aligned}\Delta P_{C,B-R}=P(2I,\ N_C-1)-P(2I,\ N_C)=\frac{\rho_H(2I,\ N_C-1)}{2}\cdot\{x(2I,\ N_C-1)\cdot\\(V_G(2I,\ N_C)^2-V_G(2I,\ N_C-1)^2)+(1-x(2I,\ N_C-1))\cdot\\(V_L(2I,\ N_C)^2-V_L(2I,\ N_C-1)^2)+[x(2I,\ N_C-1)\cdot\\V_G(2I,\ N_C)^2+(1-x(2I,\ N_C-1))\cdot V_L(2I,\ N_C)^2]\cdot K_{C,B-R}\}\end{aligned} \tag{3-31}$$

式中，V_G、V_L是对应的气相流速及液相流速；$K_{C,I/B-R}$是流体在汇流过程中两个方向上的压降损失系数，其计算方法与分配 T 形三通内压降损失系数的计算方法类似。

对于单相流体，其质量、动量、能量离散方程如下：

$$M(2I-1,\ N_C)=M(2I,\ N_C)-M(2I,\ N_C-1) \tag{3-32}$$

$$P(2I-1,\ N_C)=P(2I,\ N_C)-\frac{K_C}{\rho(2I,\ N_C)\cdot(A_C)^2}\cdot[M(2I-1,\ N_C)^2-M(2I,\ N_C)^2]+f(2I,\ N_C)\cdot\frac{\Delta l(2I,\ N_C)}{2\cdot D_C\cdot\rho(2I,\ N_C)\cdot(A_C)^2}\cdot\left[\frac{M(2I-1,\ N_C)+M(2I,\ N_C)}{2}\right]^2 \tag{3-33}$$

$$M(2I-1,\ N_C)\cdot H(2I-1,\ N_C)=M(2I,\ NC)\cdot H(2I,\ N_C)-M(2I,\ N_C-1)\cdot H(2I,\ N_C-1) \tag{3-34}$$

在第二类网格中，流体直接流过 T 形三通并进入汇集集箱下游的流体网格，其质量、动量、能量离散方程如下：

$$M(2I,\ N_C)=M(2I+1,\ N_C) \tag{3-35}$$

$$P(2I,\ N_C)=P(2I+1,\ N_C)+f(2I+1,\ N_C)\cdot\frac{\Delta l(2I+1,\ N_C)}{2\cdot D_C\cdot\rho(2I+1,\ N_C)\cdot(A_C)^2}\cdot\left[\frac{M(2I,\ N_C)+M(2I+1,\ N_C)}{2}\right]^2 \tag{3-36}$$

$$H(2I,\ N_C)=H(2I+1,\ N_C) \tag{3-37}$$

在流体沿支管的流动过程中，流体吸收管壁面传递的热量，可能会发生相变，并产生较大的物性变化。对于任意支管 I 内的流体网格$(2I,\ j)$，$I=1,\ 2,\ 3,\ \cdots,\ N_B$，$j=2,\ 3,\ \cdots,\ N_C-1$，网格内的质量、动量、能量离散控制方程[115,116]如下所示。

质量守恒离散方程：

$$\frac{A_B}{\Delta t}\left[\frac{\rho(2I,\ j,\ k+1)+\rho(2I,\ j-1,\ k+1)}{2}-\frac{\rho(2I,\ j,\ k)+\rho(2I,\ j-1,\ k)}{2}\right]+\frac{M(2I,\ j,\ k+1)-M(2I,\ j-1,\ k+1)}{\Delta l(2I,\ j)}=0 \tag{3-38}$$

动量守恒离散方程：

$$\frac{1}{\Delta t}\left[\frac{M(2I,\ j,\ k+1)+M(2I,\ j-1,\ k+1)}{2}-\frac{M(2I,\ j,\ k)+M(2I,\ j-1,\ k)}{2}\right]+\frac{1}{A_B\Delta l(2I,\ j)}\left\{\left[\frac{M(2I,\ j,\ k+1)^2}{\rho(2I,\ j,\ k+1)}\right]-\left[\frac{M(2I,\ j-1,\ k+1)^2}{\rho(2I,\ j-1,\ k+1)}\right]\right\}+$$

$$\frac{f(2I,\ j,\ k+1)}{4A_B\cdot D_B}\cdot\left\{\left[\frac{M(2I,\ j,\ k+1)^2}{\rho(2I,\ j,\ k+1)}\right]+\left[\frac{M(2I,\ j-1,\ k+1)^2}{\rho(2I,\ j-1,\ k+1)}\right]\right\}+$$

$$A_B\frac{P(2I,\ j,\ k+1)-P(2I,\ j-1,\ k+1)}{\Delta l(2I,\ j)}+$$

$$\frac{\rho(2I,\ j,\ k+1)+\rho(2I,\ j-1,\ k+1)}{2}gA_B\sin\theta=0 \tag{3-39}$$

内壁面对流换热方程：

$$Q(j,\ k+1)=[T_w(j,\ k+1)-T(j,\ k+1)]\cdot F\cdot h_{tc} \tag{3-40}$$

式中，T_w是管道内壁面温度；F是管道内壁面表面积；h_{tc}为管道壁面与管内流体之间的对流换热系数。对于亚临界压力下光管内单相流体的对流换热过程，换热系数按照 Dittus-Boelter 公式[117]来确定：

$$h_{tc}=h_{fc}=0.023\,Re_L^{0.8}\,Pr_L^{0.4}\,\frac{\lambda_L}{d} \tag{3-41}$$

对于亚临界压力下的蒸汽-水两相流，其对流换热系数计算公式如下所示[118]。

$$h_{tc}=\sqrt{(F\cdot h_{fc})^2+(S\cdot h_{pb})^2} \tag{3-42}$$

$$F=\left[1+x\,Pr_L\left(\frac{\rho_L}{\rho_G}-1\right)\right]^{0.35} \tag{3-43}$$

$$S=\frac{1}{1+0.055F^{0.1}Re_L^{0.16}} \tag{3-44}$$

$$h_{pb}=55\left(\frac{P}{P_{cr}}\right)^{0.12}\left[-\log_{10}\left(\frac{P}{P_{cr}}\right)\right]^{-0.55}M^{-0.5}q^{0.67} \tag{3-45}$$

式中，P_{cr}是水的临界压力，约为22.1MPa。其中值得注意的是，在换热系数的计算公式中含有与壁面温度相关的参数，因此，在求解内壁面对流换热方程时，需要采用迭代计算的方法。

能量守恒离散方程：

$$\frac{A_B}{\Delta t}\left(\frac{[\rho\cdot H](2I,\ j,\ k+1)+[\rho\cdot H](2I,\ j-1,\ k+1)}{2}-\right.$$

$$\left.\frac{[\rho\cdot H](2I,\ j,\ k)+[\rho\cdot H](2I,\ j-1,\ k)}{2}\right)+$$

$$\frac{[M\cdot H](2I,\ j,\ k+1)-[M\cdot H](2I,\ j-1,\ k+1)}{\Delta l(2I,\ j)}=Q(2I,\ j,\ k+1) \tag{3-46}$$

在稳态工况下，通过忽略公式(3-38)、公式(3-39)、公式(3-46)中的时间项，可得稳态离散控制方程，如下所示。

稳态质量守恒离散方程：

$$M(2I,\ j)=M(2I,\ j-1) \tag{3-47}$$

稳态动量守恒离散方程：

$$\begin{aligned}A_{\mathrm{B}}[P(2I,\ j)-P(2I,\ j-1)]=&-\frac{f(2I,\ j)}{2A_{\mathrm{B}}}\left[\frac{M(2I,\ j)^2}{\rho(2I,\ j)}+\frac{M(2I,\ j-1)^2}{\rho(2I,\ j-1)}\right]\cdot\\&\frac{\Delta l(2I,\ j-1)}{2D_{\mathrm{B}}}-\frac{1}{A_{\mathrm{B}}}\left[\frac{M(2I,\ j)^2}{\rho(2I,\ j)}-\frac{M(2I,\ j-1)^2}{\rho(2I,\ j-1)}\right]-\\&A_{\mathrm{B}}\frac{\rho(2I,\ j)+\rho(2I,\ j-1)}{2}g\sin\theta\cdot\Delta l(2I,\ j)\end{aligned} \tag{3-48}$$

稳态能量守恒离散方程：

$$M(2I,\ j)\cdot H(2I,\ j)-M(2I,\ j-1)\cdot H(2I,\ j-1)=Q(2I,\ j)\cdot\Delta l(2I,\ j) \tag{3-49}$$

3.2.4 源项的计算

在流体沿支管内的流动过程中，由于吸收热量，工质会产生较大的物性变化，甚至发生相变过程。流体网格内流体的状态可能是过冷水、两相混合物、过热蒸汽或者超临界流体。在模型的求解过程中，需要根据流体网格的进、出口界面参数来确定各个网格内流体的状态，进而计算动量控制方程中的沿程摩擦阻力系数f。

对于亚临界压力下的单相过冷水或者过热蒸汽，阻力系数f可用公式(3-50)来计算[119]：

$$f=\zeta=\frac{1}{4\cdot\lg\left(3.7\dfrac{D}{R}\right)^2} \tag{3-50}$$

对于亚临界压力下的水与水蒸气两相工质，阻力系数f可用公式(3-51)来计算[119]：

$$f=\psi\cdot\zeta\cdot\frac{\rho}{\rho_{\mathrm{L}}}\cdot\left(1+x\left(\frac{\rho_{\mathrm{L}}}{\rho_{\mathrm{G}}}-1\right)\right) \tag{3-51}$$

式中，ψ是修正系数，由公式(3-52)、公式(3-53)来计算：

当$G\leqslant 1000\mathrm{kg\cdot m^{-2}\cdot s^{-1}}$时：

$$\psi=1+\frac{x(1-x)\left(\dfrac{1000}{G}-1\right)\dfrac{\rho_{\mathrm{L}}}{\rho_{\mathrm{G}}}}{1+x\left(\dfrac{\rho_{\mathrm{L}}}{\rho_{\mathrm{G}}}-1\right)} \tag{3-52}$$

当 $G \geq 1000\text{kg} \cdot \text{m}^{-2} \cdot \text{s}^{-1}$时：

$$\psi = 1 + \frac{x(1-x)\left(\frac{1000}{G}-1\right)\frac{\rho_L}{\rho_G}}{1+(1-x)\left(\frac{\rho_L}{\rho_G}-1\right)} \tag{3-53}$$

对于超临界压力下的水，摩擦阻力系数f可用公式(3-54)来计算[120]：

$$f = \frac{1}{(1.82\lg Re - 1.64)^2} \tag{3-54}$$

3.2.5 边界条件及求解方法

本章模型给定的边界条件如下：

(1) 系统进口工质的总质量流量 M_{total}；

(2) 系统进口工质焓值 H_{in}或者进口工质质量含气率 x_{in}；

(3) 系统进口压力 P_{in}；

(4) 各支管的壁面热负荷 $Q(I)$。

本章模型采用迭代方法来求解集箱与各支管间的参数耦合。对于稳态工况下并联管内的流量分配特性，求解流程如下所示。

(1) 假设支管 $I(I=1, 2, 3, \cdots, N_B-1)$的进口工质流量 $M(2I, 1)$，则最后一个支管 N_B的进口工质流量可通过系统进口工质总流量计算得到，如式(3-55)所示：

$$M(2N_B, 1) = M_{total} - \sum_{I=1}^{N_B-1} M(2I, 1) \tag{3-55}$$

(2) 依次计算分配集箱中各流体网格内的离散控制方程，获得分配集箱中各流体网格的进、出口流体参数。

(3) 从支管 1 到支管 N_B，依次计算各支管中各流体网格内的离散控制方程，获得各支管中各流体网格的进、出口流体参数，包括各支管的出口压力 $P(2I, N_C-1)$。

(4) 如果不存在汇集集箱，则各支管的出口压力相等，计算各支管出口压力的相对偏差：

$$\delta P_{out}(I) = P(2I, N_C - 1) - \frac{\sum_{I=1}^{N_B} P(2I, N_C - 1)}{N_B}, \quad I = 1, 2, 3, \cdots, N_B \tag{3-56}$$

如果存在汇集集箱，则依次计算汇集集箱中各个流体网格内的离散控制方程，获得各支管的出口压力，为区别与步骤(3)中得到的各支管出口压力 $P(2I, N_C-1)$ 的不同，此处表示为 $\overline{P}(2I, N_C-1)$，两个压力值在迭代收敛的情况下应该相等，定义各支管出口压力的相对偏差为：

$$\delta P_{out}(I) = P(2I, N_C-1) - \overline{P}(2I, N_C-1),\ I=1, 2, 3, \cdots, N_B \tag{3-57}$$

(5) 如果各支管出口压力的相对偏差满足：$\delta P_{out}(I) < \xi$（ξ 为足够小的给定阈值），则认为迭代过程收敛；反之，如果任一支管的出口压力相对偏差不满足收敛条件，则返回步骤(1)，利用公式修正相应支管的进口工质流量假设值，并重复步骤(1)~(5)直到迭代过程收敛。

$$M(2I, 1) = M(2I, 1) + \sigma \cdot \delta P_{out}(I) \tag{3-58}$$

式中，σ 是松弛系数。

对于动态过程中并联管内的流量分配特性，本文模型的求解流程如下所示。

(1) 通过求解稳态数学模型，获得并联管内各流体网格进、出口流体参数的稳态值，并作为初始时层 k（$k=1$ 时）下的流体参数值。

(2) 输入时层(k+1)下的边界条件，开始时层(k+1)下的迭代计算。

(3) 假设当前时层(k+1)下支管 I（$I=1, 2, 3, \cdots, N_B-1$）的进口工质流量 $M(2I, 1, k+1)$，则最后一个支管 N_B 的进口工质流量为：

$$M(2N_B, 1, k+1) = M_{total}(k+1) - \sum_{I=1}^{N_B-1} M(2I, 1, k+1) \tag{3-59}$$

(4) 依次计算分配集箱中各个流体网格内的离散控制方程，获得时层(k+1)下分配集箱中各流体网格的进、出口流体参数。

(5) 从支管 1 到支管 N_B，依次计算各支管中各个流体网格内的离散控制方程，得到时层(k+1)下各支管中各个流体网格的进、出口流体参数，包括各支管的出口压力 $P(2I, N_C-1, k+1)$。

(6) 如果不存在汇集集箱，则各支管出口压力相等，计算时层(k+1)下各支管出口压力的相对偏差：

$$\delta P_{out}(I, k+1) = P(2I, N_C-1, k+1) - \frac{\sum_{I=1}^{N_B} P(2I, N_C-1, k+1)}{N_B},\quad I=1, 2, 3, \cdots, N_B \tag{3-60}$$

如果存在汇集集箱，则依次计算汇集集箱中各个流体网格内的离散控制方程，获得当前时层(k+1)下各支管的出口压力，为区别与步骤(5)中得到的各支管出口压力 $P(2I, N_C-1, k+1)$ 的不同，此处表示为 $\overline{P}(2I, N_C-1, k+1)$，定义各支管出口压力的相对偏差为：

$$\delta P_{\mathrm{out}}(I,\ k+1)=P(2I,\ N_{\mathrm{C}}-1,\ k+1)-\overline{P}(2I,\ N_{\mathrm{C}}-1,\ k+1),\quad I=1,\ 2,\ 3,\ \cdots,\ N_{\mathrm{B}} \tag{3-61}$$

（7）如果各支管出口压力的相对偏差均满足收敛条件：$\delta P_{\mathrm{out}}(I,\ k+1)<\xi$，则认为当前时层$(k+1)$下迭代收敛，计算下一个时层；反之，如果任一支管出口压力的相对偏差不满足收敛条件，则返回步骤(3)，修正相应支管的进口工质流量假设值，并继续重复步骤(3)～(7)直到满足收敛条件。

3.3 步长无关性验证

在利用本章模型进行研究之前，需要进行步长无关性验证。在验证算例中，并联支管数目为4，分配集箱沿水平方向布置，各支管垂直上升布置，各支管出口压力相等，集箱直径为0.1m，支管直径为0.025m，支管长度为10m，支管间距为0.1m。在初始稳态时刻，系统进口压力为25MPa，各支管壁面热负荷相等，均为200kW·m^{-2}，系统进口总质量流量为2.0kg·s^{-1}，进口工质流体焓值为1800kJ·kg^{-1}。在$t=5$s时，系统进口流体焓值阶跃增加10%。利用本文模型计算不同空间步长下以及不同时间步长下支管1出口流体温度的动态响应曲线。

图3-6给出了在不同空间步长(Δz)下，支管1出口流体温度的动态响应曲线。从图3-6中可以看出，当空间步长低于0.25m之后，计算结果几乎不再随着空间步长的减小而变化。因此，本文将空间网格步长设定为0.25m。

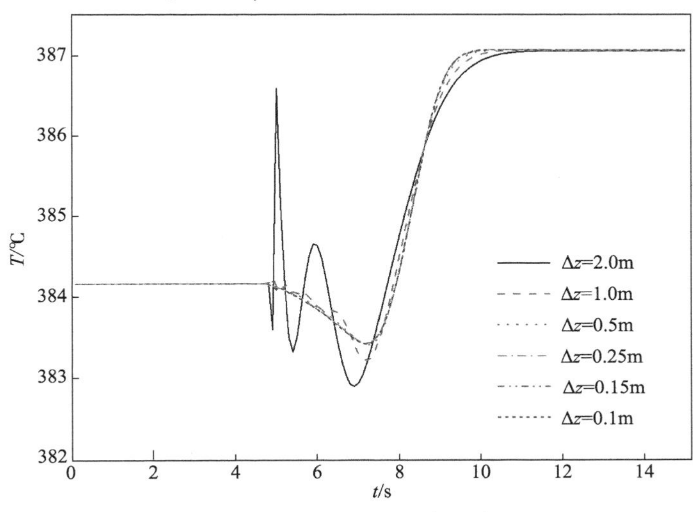

图3-6　空间步长的无关性验证

图 3-7 给出了在不同时间步长(Δt)下，支管 1 出口流体温度的动态响应曲线。从图 3-7 中可以看出，当时间步长低于 0.05s 之后，计算结果几乎不再随着时间步长的减小而变化。因此，本文将时间步长设定为 0.05s。

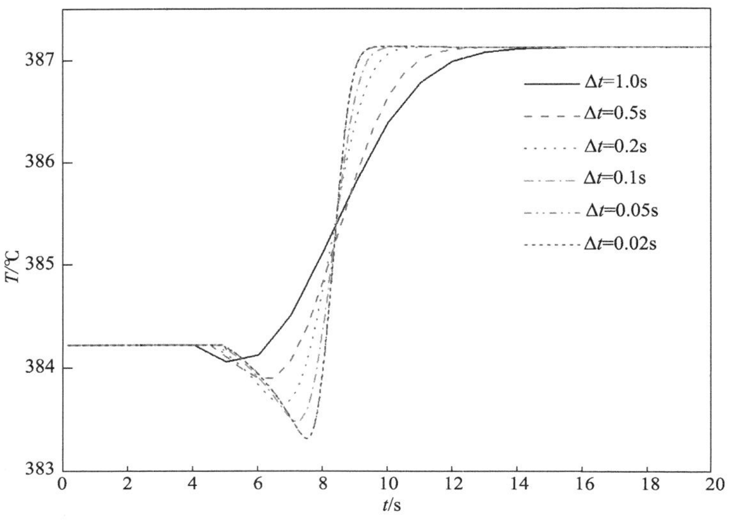

图 3-7 时间步长的无关性验证

3.4 模型验证

本节利用现有文献中的实验数据，对本文模型进行验证。

3.4.1 验证 1

Wang 和 Yu[42] 通过开展实验，研究了单相过冷水在并联管系统(支管数目为 10)内的流量分配特性及集箱内的静压变化特性。表 3-3 给出了该实验系统的结构参数和工况条件，该实验结果的相对测量误差不超过 9%[42]。

表 3-3 实验参数

实验参数	取值	实验参数	取值
结构形式	U 形	支管长度/m	1.12
集箱布置	水平	支管间距/mm	30
支管布置	水平	流动参数	
分配集箱直径/mm	13	进口质量流量/(kg/s)	600

续表

实验参数	取值	实验参数	取值
汇集集箱直径/mm	13	热负荷条件	绝热
支管直径/mm	6.5	流体	单相水
支管数目	10		

利用本文模型计算了在表 3-3 所示工况下，单相流体沿分配集箱和汇集集箱的静压分布。其中，集箱内各位置处流体的静压采用欧拉数来表示，欧拉数的计算公式如下所示：

$$Eu=\frac{P-P_{\mathrm{ref}}}{\rho V_{\mathrm{in}}^{2}} \tag{3-62}$$

式中，V_{in}是系统进口处的流体速度；P_{ref}是参考压力，对于分配集箱，P_{ref}是进口压力，对于汇集集箱，P_{ref}是出口压力。

图 3-8 给出了本文模型对分配集箱和汇集集箱中流体静压分布的计算结果和对应实验数据[42]的对比。

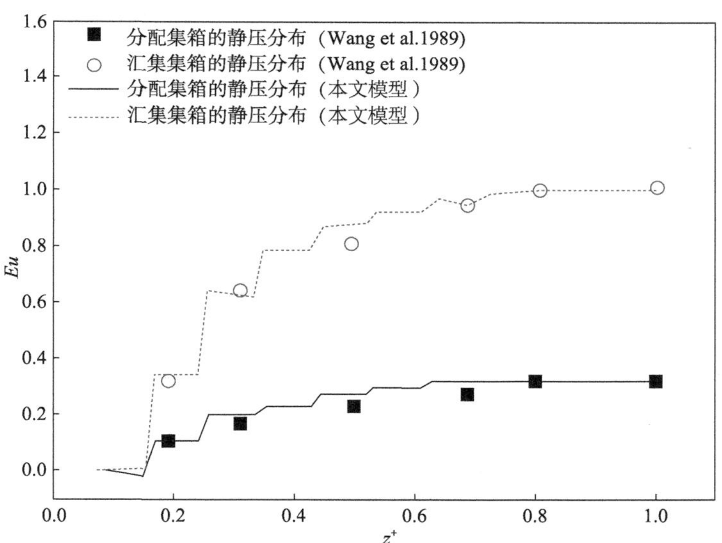

图 3-8　本文模型对集箱内静压分布的计算结果与实验数据的对比

在图 3-8 中，横坐标 z^+($z^+=z/L_{\mathrm{m}}$) 表示沿集箱流动方向上各个测点的相对位置。由图 3-8 可以看出，本文模型的计算结果与实验数据吻合良好，而且本文模型对所有测点处流体静压的计算结果与实验数据间的平均相对误差小于 6.01%。

3.4.2 验证 2

Zhu[54] 在 2010 年开展了在支管受热条件下两根并联垂直上升管内流体流量自补偿特性的实验研究。本文利用其实验数据来验证本文模型对受热条件下各支管流量分配特性的计算精度。

图 3–9 给出了该实验系统的结构参数。在图 3–9 中，该实验段由两根并联垂直上升管组成，两根支管分别施加不同的热负荷。表 3–4 给出了实验工况参数[54]。该实验结果的相对测量不确定度为 3.5%。

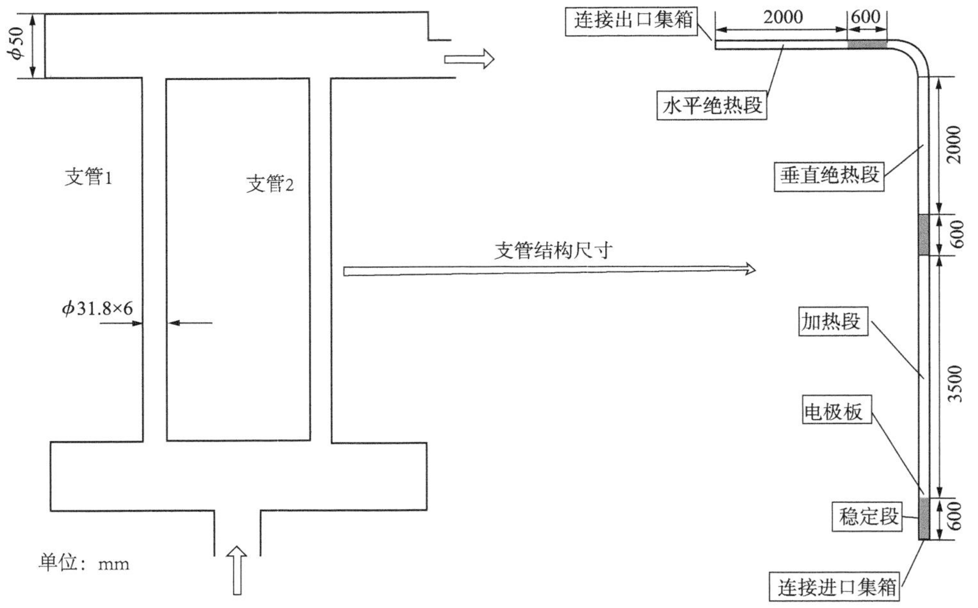

图 3–9　并联垂直上升管内自补偿特性实验系统的结构示意图

表 3–4　实验工况参数

实验参数	范围	实验参数	范围
压力/MPa	11.3	支管 2 热流密度/(kW · m^{-2})	100
进口总质量流速/(kg · m^{-2} · s^{-1})	600	出口干度	0~0.8
支管 1 热流密度/(kW · m^{-2})	50		

利用本文模型计算了在不同出口干度条件下支管 1 进口流体质量流速的变化，图 3–10 给出了本模型计算结果与文献中实验数据[54]的对比。从图 3–10 中可以看出，在所有工况下，本文模型的计算结果与实验数据吻合良好，而且两者

之间的最大相对误差低于 7.03%。

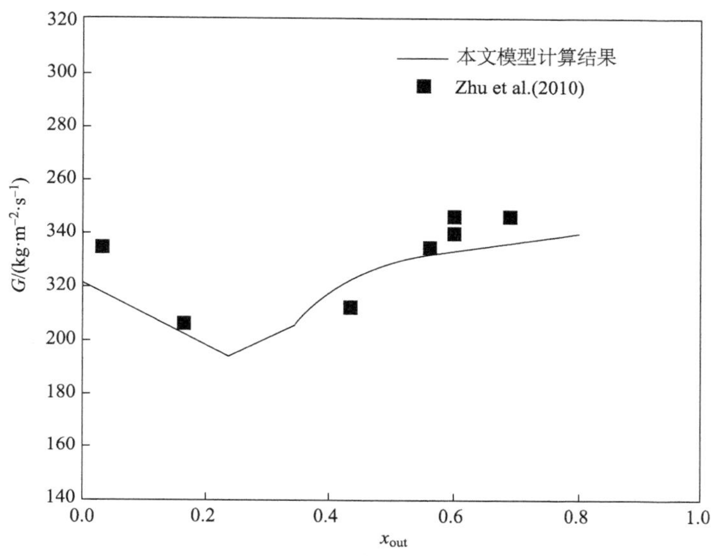

图 3-10　本文模型的计算结果与实验数据的对比

3.4.3　验证 3

利用文献实验数据，来验证本文模型对并联管内气液两相流流量分配特性的计算精度。1995 年，Osakabe 等[121]开展了并联管内空气-水两相流流量分配特性的实验研究，图 3-11 给出了该实验系统的实验段结构及相关参数。

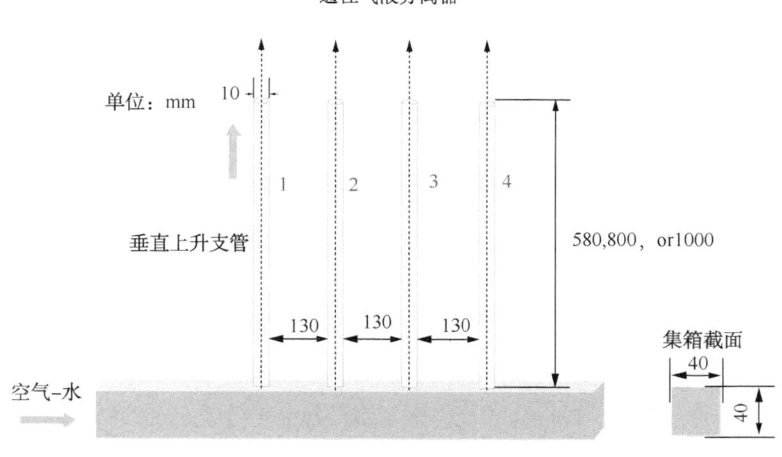

图 3-11　验证文献中的实验段结构示意图

在图 3-11 中，常温、常压下的空气和水从水平分配集箱的一侧进入实验段，然后分配进入 4 根垂直上升布置的支管，最后流出支管通往气液分离器中。利用本文模型计算了不同支管长度(L_b)下支管 1 分配得到的液相流量随集箱进口气相流速($V_{G,in}$)的变化结果，其中集箱进口液相流速 $V_{L,in}$为 0.085m/s。图 3-12 给出了实验数据与本文模型计算结果的对比。

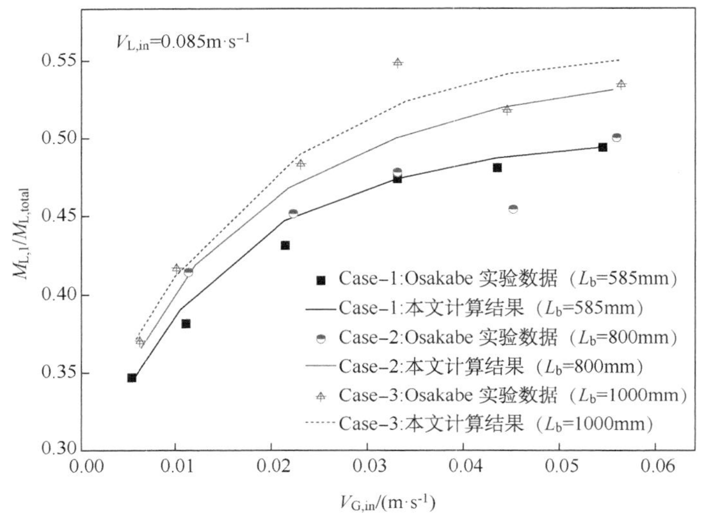

图 3-12　本文模型的计算结果与实验数据的对比

图 3-12 中，y 轴表示支管 1 分配得到的液相流量($M_{L,1}$)与系统进口总液相流量($M_{L,total}$)之比，从图 3-12 中可以看出本文模型的计算结果与实验结果吻合良好，随着集箱进口气相流速的增加，分配进入支管 1 的液相流量占系统进口总液相流量的比重逐渐升高。在 Case-1、Case-2、Case-3 所对应的工况下，本文模型计算结果与实验数据之间的平均相对误差分别为 1.83%、5.98%、2.58%。

3.5　本章小结

针对锅炉水冷壁、太阳能吸热器、核反应堆堆芯及各类换热器等能源化工设备内广泛存在的两相流分配不均现象及其带来的安全隐患，本章建立了适用于预测和分析并联管系统在稳态工况及动态过程中工质流量分配及传热耦合计算模型。本文模型通过对集箱及各支管内的流动区域进行统一的网格划分和耦合求解，综合考虑了管屏集箱结构以及支管受热条件对流量分配特性的影响。一方面，建立分配 T 形三通和汇集 T 形三通内两相流体的压降变化方程及相分配方程，考虑集箱内单相及两相流分流过程及汇流过程对两相流流量分配特性的耦合影响；另一方面，模型引入支管壁面传热、蓄热方程，考虑了流量分配与各支管内对流传热过程的耦合，可通过各支管出口流体焓值及壁温分布来评估气液两相分配不均对设备传热性能及安全性的影响。此外，本文模型通过在离散控制方程中引入时间项考虑了变工况运行条件下工质参数随时间的变化。最后，利用现有文献中的实验数据对本文模型进行了全方位的验证，验证结果表明本文模型精确可靠，可用来研究并联管系统内单相流及两相流的流量分配特性。

4 稳态工况下并联管内流量分配特性计算分析

在超临界锅炉水冷壁、核反应堆蒸汽发生器、太阳能吸热器等能源系统运行过程中，随着机组负荷的变化，管内工质可能是单相流体(亚临界压力下的过冷水、过热蒸汽，或超临界压力下的水)，也可能是两相流体(亚临界压力下的水与水蒸气两相混合物)。当工质进入并联管系统内，其流量分配特性受多种因素影响，包括集箱-支管结构、壁面热负荷分布、系统运行压力等。本章将利用上一章所开发的并联管流量分配计算模型，对稳态工况下并联管内单相及两相流体的流量分配特性开展研究。

4.1 单相流体的流量分配特性研究

超临界锅炉水冷壁系统在额定工况下运行在超临界压力下，在超临界压力下水没有气液两相之分，不存在明显的相界面，可以视为单相流体。本节以超临界流体为例，来系统研究单相流体在并联管内的流量分配特性，重点分析集箱-支管结构以及支管热负荷变化对流量分配特性的影响规律。

4.1.1 超临界流体流量分配特性分析

首先，通过设计下述算例来分析超临界水($P=25$MPa)在Z形垂直上升并联管系统内的流量分配特性。参考水冷壁结构参数，本算例中的系统结构参数设定为支管数目 $N_B=10$，支管直径 $D_b=0.0247$m，集箱直径 $D_m=0.18$m，支管长度 $L_b=10.0$m，支管间距 $S=1.0$m。计算工况为进口压力25MPa，进口流体焓值1800kJ · kg^{-1}，进口总质量流量12kg · s^{-1}。本算例研究了三类热负荷条件下并联管内超临界流体的流量分配特性，如图4-1所示。

在图4-1中，三种热负荷条件分别是：

(1-a)绝热条件，不受热；

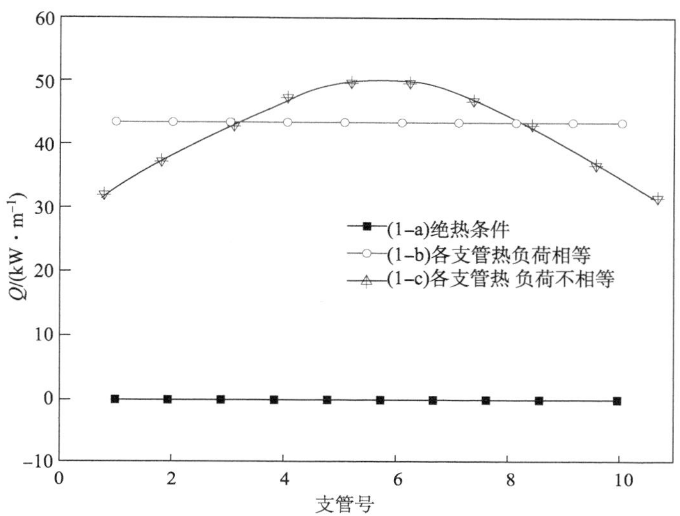

图 4-1　本算例所研究的三类热负荷条件

(1-b)各支管间热负荷相等，无热偏差；

(1-c)各支管间热负荷不等，有热偏差，且热负荷呈抛物线规律分布。

利用本文计算模型计算了上述三类热负荷条件下超临界流体在并联管系统内的流量分配特性、集箱内的静压分布、沿各支管流体密度和温度的变化，以及各支管出口流体焓值的分布等，计算结果如图 4-2 所示。图 4-2(a)给出了相应的各支管流量分配的计算结果，各支管的流量分配特性用无量纲数 M^+ 来表示，其表达式为：

$$M^+(I) = M(I) / \left[\sum_{I=1}^{NB} M(I) / NB \right] \tag{4-1}$$

由图 4-2(a)可以看出，即使在不受热条件下，或者均匀受热条件下，各支管的流量分配仍然是不均匀的。这种不均匀的流量分配是由工质流过集箱产生的静压变化引起的。由图 4-2(b)可以看出，在三类热负荷条件下，流体沿着集箱流动方向的静压变化呈现一致的分布。其中，分配集箱中的流体静压由于分流作用沿流动方向逐渐升高，汇集集箱中的流体静压由于汇流作用沿流动方向逐渐降低。这种相反的静压变化趋势导致在绝热条件(1-a)或者均匀加热条件(1-b)下各支管分配得到的流量从支管 1 到支管 10 逐渐增加。在流体沿集箱流动的过程中存在摩擦阻力，在相邻支管间集箱内的流体静压沿着流动方向会有轻微的下降。另外，在加热条件(1-b)和(1-c)下的汇集集箱中的流体静压整体上高于绝热条件(1-a)下的汇集集箱中的流体静压。这主要是因为在受热条件下流体密度

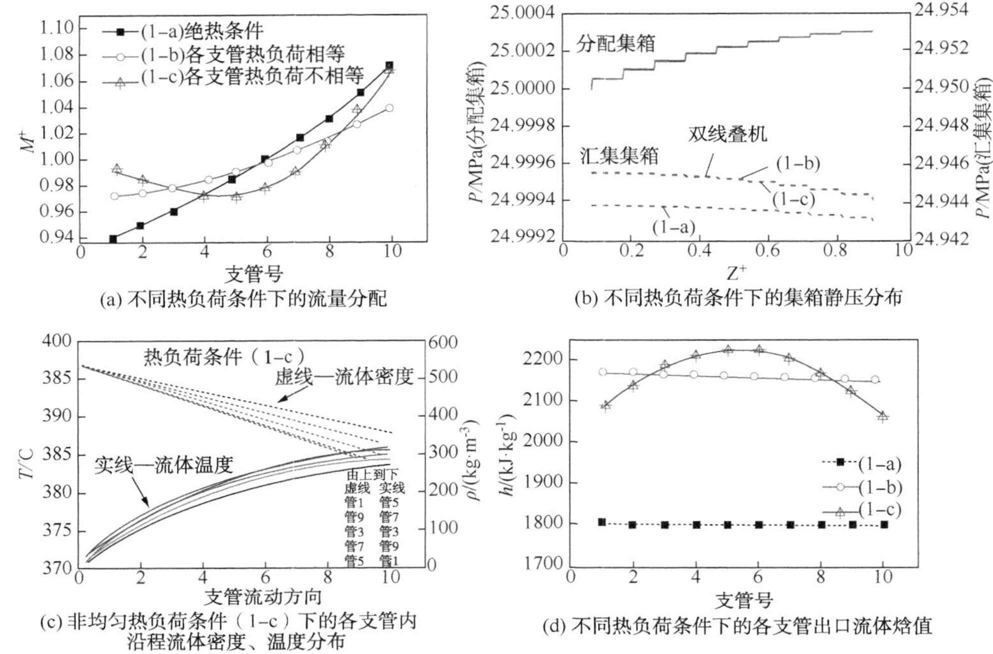

图 4-2　三种热负荷条件下并联管流量分配特性的计算结果

大幅度降低，重位压降显著减小，支管进、出口总压降有所降低。现有的关于锅炉水冷壁并联管流量分配的计算模型出于求解便利，往往忽略了集箱对工质流量分配的影响，并认为各支管进、出口压力相等，导致其不能反映出集箱内的流体静压变化，在不受热或者均匀受热条件下得到完全均匀的流量分配结果，有悖于实际运行。

图 4-3 给出了在不考虑集箱影响时，三类热负荷条件(1-a)(1-b)及(1-c)下各支管流量分配的计算结果，从图中可以明显看出，在不考虑集箱影响时的计算结果与本文模型的计算结果之间存在较大的偏差。

由图 4-2(c)可以看出，在非均匀加热条件(1-c)下，由于各支管热负荷不同，各支管沿程的流体温度及密度之间产生一定的偏差。图 4-2(d)给出了三类热负荷条件下各支管的出口流体焓值分布。由图 4-2(d)可以看出，在均匀受热条件(1-b)下，从支管 1 到支管 10，各支管内的工质流量逐渐增加，各支管的出口流体焓值轻微地逐渐减小。然而，在非均匀受热条件(1-c)下，各支管间的出口流体焓值出现了明显偏差，最大偏差值达到 156.2kJ · kg^{-1}。这是由于在该工况下各支管内的流量随热负荷的变化呈现负流量响应特性。例如，支管 5 的壁面热负荷最高，分配到的工质流量反而最低，因此其出口流体焓值最高，达到

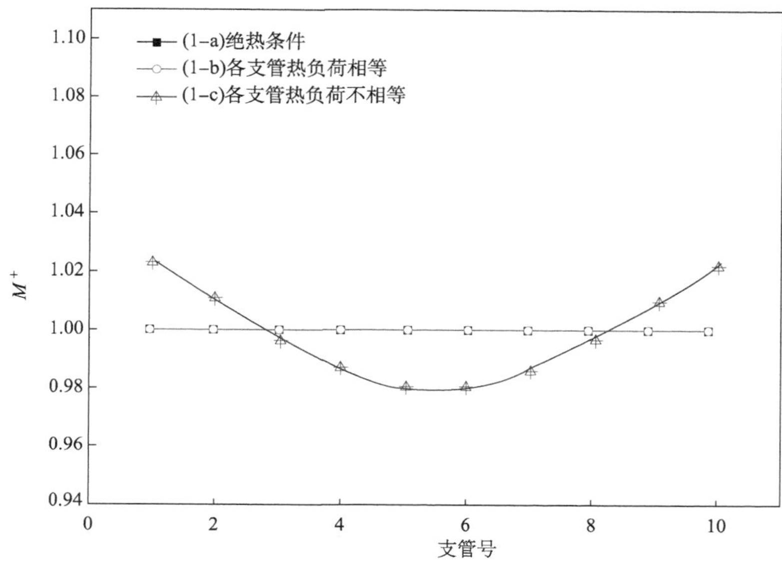

图 4-3 不考虑集箱影响时，三类热负荷条件下各支管流量分配的计算结果

2224. 5kJ · kg^{-1}。传统的离散数学模型和连续数学模型虽然考虑了集箱结构对并联管内流量分配的影响，然而这些模型的计算方程将流体物性视为常数，没有考虑各支管内流体由于受热引起的物性变化，无法体现并联管流量分配特性在不同热负荷条件下的差异。因此，这些模型仅仅适用于非受热条件下并联管系统内流量分配的预测。

4. 1. 2 结构参数对流量分配特性的影响

集箱-支管结构参数是影响并联管内流量分配的关键因素。集箱-支管结构参数的不同，导致流体在集箱内的静压分布不同，进而影响各支管的流量分配特性。本小节将利用本文模型分别研究并联管形式，集箱直径，支管长度，支管间距以及支管进、出口阻力系数等结构参数对超临界流体流量分配特性的影响。在本小节中，系统进口压力为 25MPa，进口流体焓值为 1800kJ · kg^{-1}，进口总流量为 12kg · s^{-1}，各支管的线热流密度均为 40kW · m^{-1}。

4. 1. 2. 1 并联管形式

图 4-4 给出了相同工况下，U 形和 Z 形集箱形式下的并联管系统内的流量分配计算结果。计算中，系统其他结构参数保持不变：$N_B=10$，$D_b=0.0247$m，$D_m=0.1$m，$L_b=10.0$m，$S=0.5$m，各支管进、出口阻力系数 $K_{in}=K_{out}=1.0$。

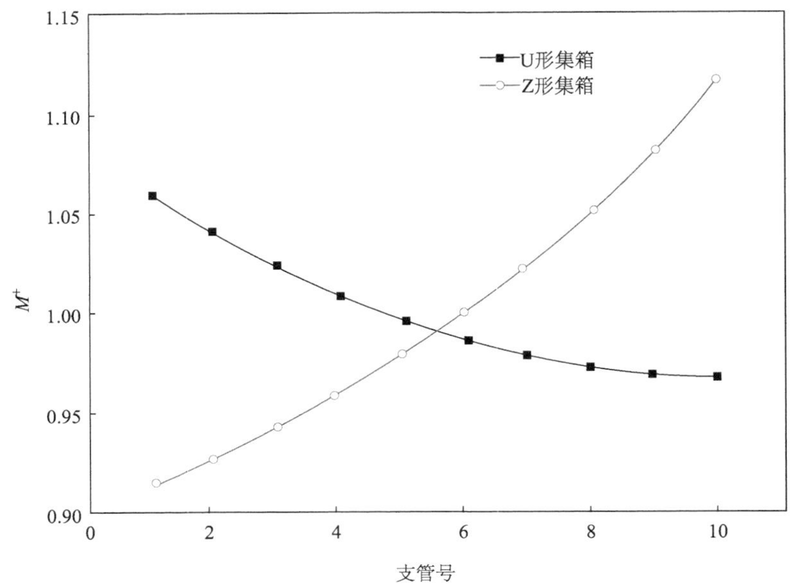

图 4-4　相同工况下，U 形和 Z 形集箱形式下的并联管系统内的流量分配

从图 4-4 中可以看出，集箱对并联管内的流量分配有较大的影响，导致各支管流量分配极不均匀。对于同样的工况，集箱内流体的流动方向不同时，流量分配结果也完全不同，相对而言，U 形集箱系统的流量分配较为均匀。

4.1.2.2　集箱直径

图 4-5 给出了相同工况下，在集箱直径不同时 Z 形并联管系统中各支管流量分配的计算结果。计算中，集箱直径 D_m分别为 0.08m、0.10m、0.12m、0.14m、0.16m。系统其他结构参数保持不变：$N_B=10$，$D_b=0.0247$m，$L_b=10.0$m，$S=0.5$m，$K_{in}=K_{out}=1.0$。从图 4-5 中可以看出，随着集箱直径的增加，集箱-支管截面积比逐渐增加，系统流量分配特性更为均匀。因此，对于水冷壁系统而言，集箱直径应当越大越好。

4.1.2.3　支管长度

图 4-6 给出了相同工况下，在支管长度不同时，Z 形并联管系统中各支管流量分配计算结果。其中，支管长度 L_b分别是 5.0m、10.0m、20.0m、30.0m。系统其他结构参数保持不变：$N_B=10$，$D_b=0.0247$m，$D_m=0.10$m，$S=0.5$m，$K_{in}=K_{out}=1.0$。

从图 4-6 中可以看出，随着支管长度的增加，系统流量分配特性更为均匀。

这是因为当支管长度较长时，系统中的流体压降主要集中在各支管内的流动过程，集箱中的静压变化对各支管流量分配的影响相对削弱。

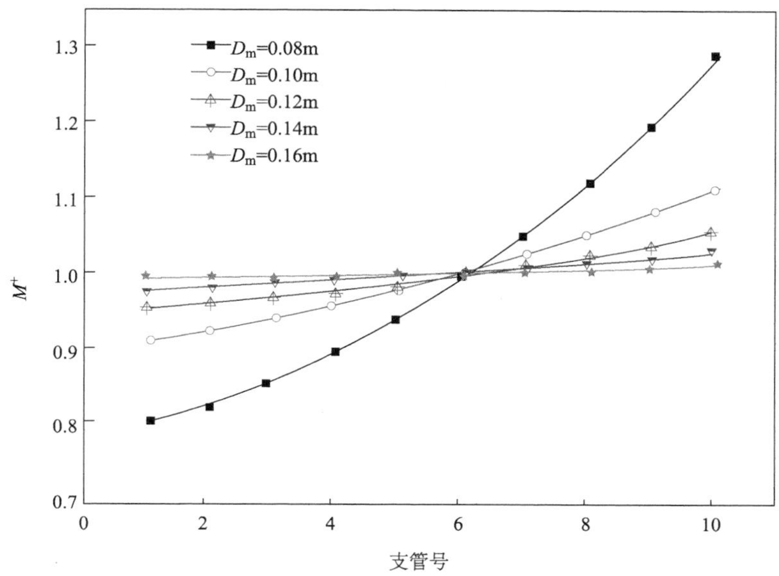

图 4-5　不同集箱直径下 Z 形并联管系统中各支管的流量分配

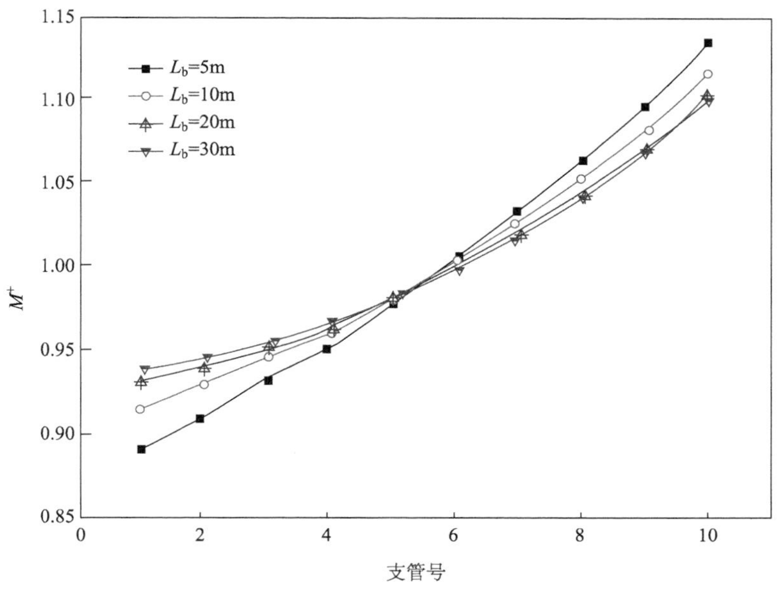

图 4-6　不同支管长度下 Z 形并联管系统中各支管的流量分配

4.1.2.4 支管间距

图 4-7 给出了相同工况下，在支管间距不同时 Z 形并联管系统中各支管流量分配的计算结果。其中，支管间距 S 分别是 0.1m、0.5m、1.0m、2.0m、4.0m。系统其他结构参数保持不变：$N_B=10$，$D_b=0.0247$m，$D_m=0.10$m，$L_b=10.0$m，$K_{in}=K_{out}=1.0$。从图 4-7 中可以看出，随着支管间距的增加，系统流量分配特性变化微弱。这是因为增大支管间距，相当于增大了沿集箱流动的摩擦阻力压降。然而沿集箱流动过程中的摩擦阻力压降相比于集箱内分流、汇流引起的流体静压变化十分微弱，如图 4-2(b)所示。因此，支管间距对并联管内流量分配特性的影响较小。

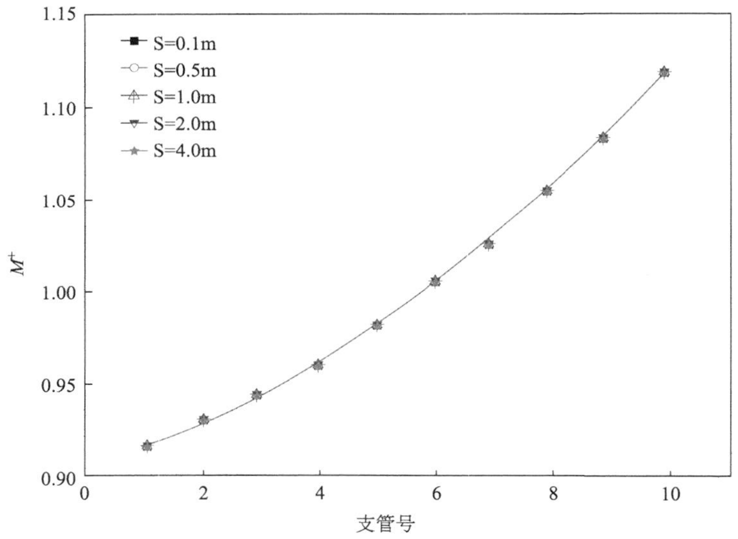

图 4-7 在不同支管间距时，Z 形并联管系统中各支管的流量分配

4.1.2.5 支管进口阻力系数

图 4-8 给出了相同工况下，在支管进、出口阻力系数不同时 Z 形并联管系统中各支管流量分配的计算结果。其中，系统其他结构参数保持不变：$N_B=10$，$D_b=0.0247$m，$D_m=0.10$m，$L_b=10.0$m，$S=0.5$m。

从图 4-8 中可以看出，随着支管进、出口阻力系数的增加，系统流量分配特性更为均匀。这是因为随着支管进、出口阻力系数的增加，流体沿支管内流动过程中的压降逐渐增大，集箱中的静压变化对各支管内流量分配的影响相对削弱。因此，对于水冷壁系统而言，可以通过适当增加各支管的进、出口阻力系数来改善流量分配特性。

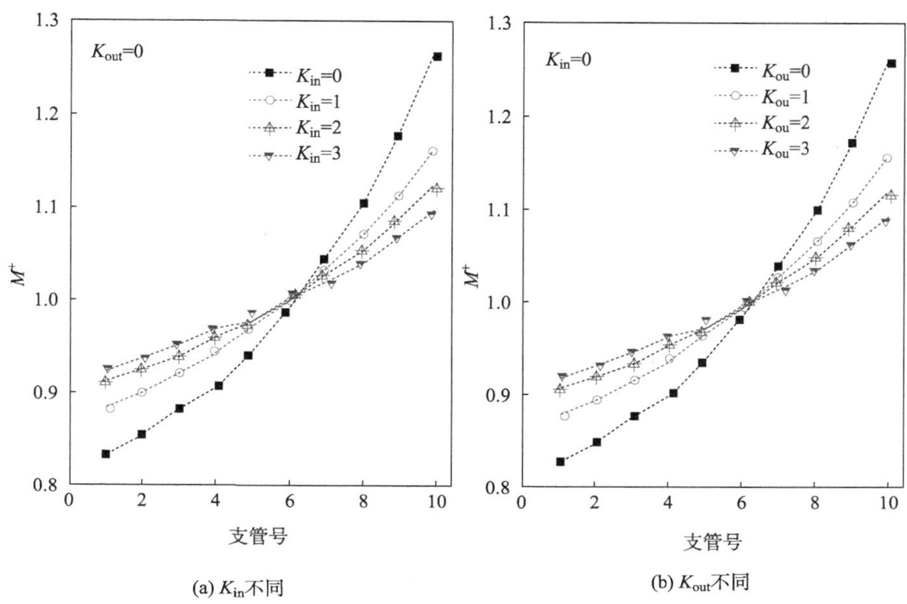

(a) K_{in}不同

(b) K_{out}不同

图 4-8　在支管进、出口阻力系数不同时，Z 形并联管系统中各支管的流量分配

4.1.3　热负荷分布对流量分配特性的影响

超临界水的物性随流体温度的变化十分剧烈，尤其是在大比热区。在超临界锅炉水冷壁运行中，当各支管热负荷发生变化时，各支管内流体物性随之改变，造成各支管的压降-流量特性发生变化，进而影响各支管的工质流量分配特性。在实际工程中，热负荷分布不均是造成水冷壁系统发生爆管事故的重要原因之一。本小节将利用本文模型研究不同质量流速下不同热负荷分布对并联管内超临界流体流量分配特性的影响。在本小节中，首先计算在各支管热负荷相等条件下并联管内的流量分配(称为初始时刻下的流量分配)，然后采用不同的方式改变各支管的热负荷分布，并计算不同热负荷分布下并联管内的流量分配。本文通过对比在热负荷分布改变前后并联管流量分配特性的不同，获得热负荷分布对并联管流量分配特性的影响规律。考虑到在实际工程中各支管的热负荷分布存在多种变化方式，本小节重点讨论三种热负荷分布变化方式，分别是：

(2-a)仅增加单根支管(No. 10)的热负荷，增加 24%；

(2-b)增加相邻的三根支管(No. 9、No. 10、No. 11)的热负荷，分别各增加 8%；

(2-c)增加不相邻的三根支管(No. 5、No. 10、No. 15)的热负荷，分别各增加 8%。

图 4-9 分别给出了在较低质量流速（1042.85$kg \cdot m^{-2} \cdot s^{-1}$）、中等质量流速（1566.76$kg \cdot m^{-2} \cdot s^{-1}$）、较高质量流速（2088.66$kg \cdot m^{-2} \cdot s^{-1}$）下，并联管流量分配特性在热负荷分布改变前后的计算结果。其中，系统结构参数为：$N_B = 20$，$D_b = 0.0247m$，$D_m = 0.18m$，$L_b = 30.0m$，$S = 1.0m$。系统压力为 25MPa，进口流体焓值为 1800$kJ \cdot kg^{-1}$。由图 4-9(a) 可以看出，在较低质量流速工况下，如果支管的热负荷升高，该支管内的工质流量同样升高，表明系统在该质量流速下呈现正流量响应特性。通过进一步对比在不同热负荷分布变化方式后的流量分配结果，发现支管内工质流量的增加幅度几乎正比于该支管热负荷的增加幅度，而其他支管内工质流量均减小一定的幅度，进行流量补偿。低质量流速下的正流量响应特性可以有效防止热负荷偏差引起的壁温超温、传热恶化等危险工况的出现。由图 4-9(b) 可以看出，当系统质量流速有所升高时，支管内工质流量随该支管热负荷的增加幅度大大降低，表明系统的正流量响应特性明显被削弱。由图 4-9(c) 可以看出，在较高质量流速下，支管内的工质流量随该支管热负荷的升高反而有所降低，表明系统在该质量流速下呈现负流量响应特性。负流量响应特性会急剧降低系统的换热效率，诱发危险工况的出现，导致管壁过热，甚至引发爆管事故。在实际工程中，应当尽力避免系统运行在负流量响应特性对应的工况下。综合上述结果可以看出，与在亚临界压力下的情况类似，在超临界压力下并联管系统也存在一个临界质量流速，当系统质量流速低于该临界质量流速时，呈现正流量响应特性，高于该临界质量流速时，呈现负流量响应特性。基于本文模型，可以得出图 4-9 所示工况下的临界质量流速约为 1754$kg \cdot m^{-2} \cdot s^{-1}$。

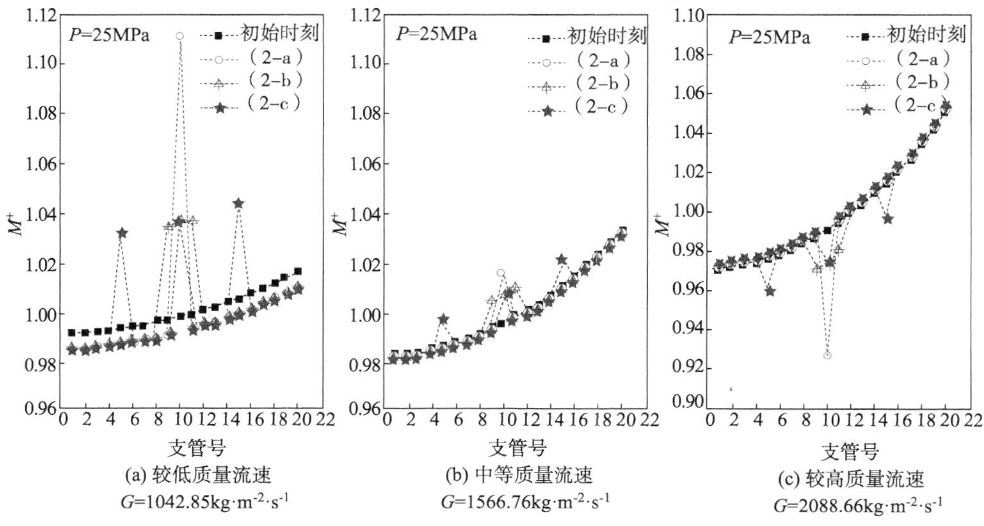

图 4-9　不同质量流速下并联管流量分配特性在热负荷分布改变前后的计算结果

在实际工程中，临界质量流速对预测锅炉水冷壁系统在变负荷运行中的工质流量分配特性至为关键。参考超临界锅炉水冷壁的实际运行工况，利用本文模型计算了不同进口流体焓值(1000~1700kJ · kg^{-1})下临界质量流速随系统压力(13~31MPa)的变化结果，如图 4-10 所示。

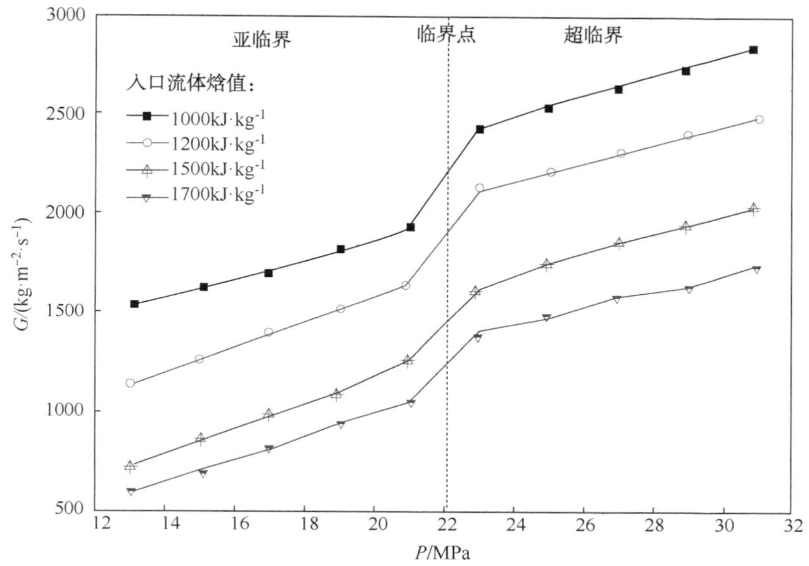

图 4-10 不同进口流体焓值下临界质量流速随系统压力的变化

从图 4-10 中可以看出，无论在亚临界压力还是在超临界压力下，临界质量流速随着系统压力的上升而逐渐增大，随着系统进口流体焓值的增加而逐渐减小。Zhu[54]通过对亚临界压力下垂直上升并联管内的流量分配特性的实验研究，发现并联管系统的临界质量流速随着压力的上升而增大，随着进口流体焓值的增加而减小，这与本文的计算结果相互一致。因此，提升系统运行压力，降低系统进口流体焓值，系统的临界质量流速升高，意味着系统在较高质量流速下仍具有正流量响应特性，有利于锅炉水冷壁系统的安全运行。

4.2 两相流体的流量分配特性研究

当并联管进口工质为两相流体时，两相间复杂的相互作用使得并联管内两相流体的流量分配特性变得异常复杂。本节将利用本文开发的模型研究蒸汽-水两相流在并联垂直上升管内的流量分配特性，分析各类工况参数以及结构参数对并联管内两相流流量分配特性的影响。本文同时计算了各支管的进口流体流量、进口流体干度、出口流体焓值以及出口壁面温度，并通过出口流体焓值分布及出口壁温分布来分析评估各支管进口气液两相分配不均对系统传热性能及安全性的影响。

4.2.1 运行参数对两相流流量分配特性的影响

本小节首先以 Z 形并联 5 支管系统为例，重点分析系统边界条件的不同(进口流体流量、进口流体干度、流体压力)对蒸汽-水两相流流量分配特性的影响。在本小节计算中，集箱直径为 0.1m，支管直径为 0.02m，支管长度为 10m，支管间距为 0.2m。

4.2.1.1 进口流体流量的影响

图 4-11 给出了当系统进口流体总质量流量(M_{total})分别为 0.5kg · s^{-1}、1.0kg · s^{-1}、2.0kg · s^{-1}、3.0kg · s^{-1}、4.0kg · s^{-1}时，并联各支管进、出口参数分布的计算结果。计算中，系统进口流体干度为 0.2，系统进口压力为 10MPa，各支管热流密度相等且均为 200kW · m^{-2}。

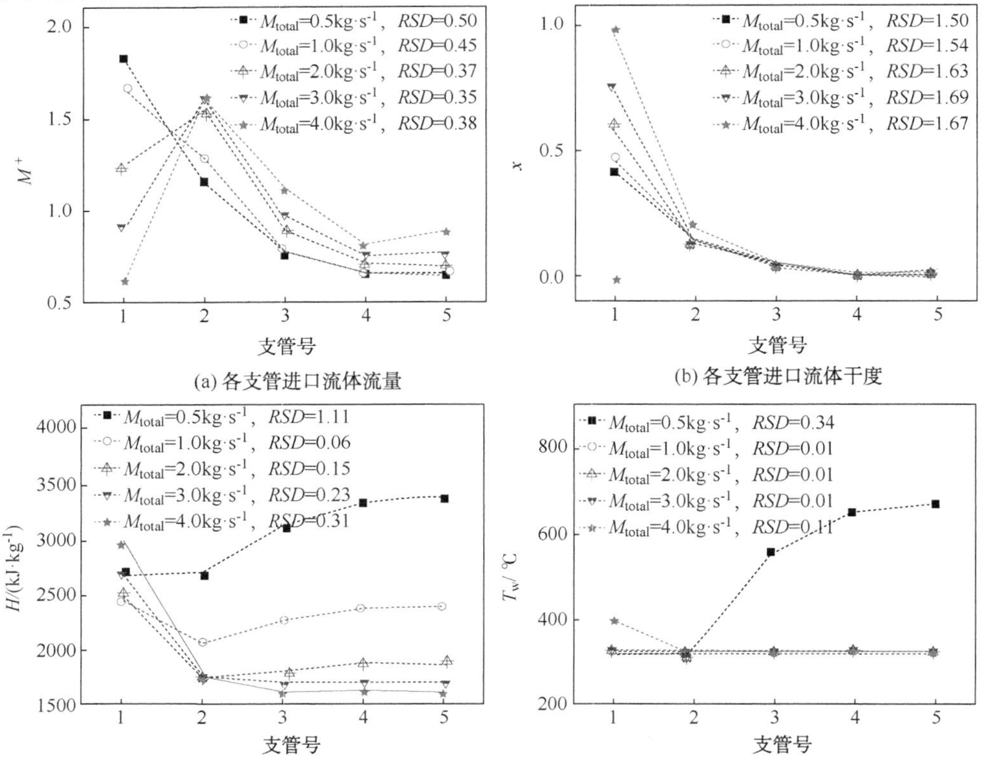

(a) 各支管进口流体流量

(b) 各支管进口流体干度

(c) 各支管出口流体焓值

(d) 各支管出口壁面温度

图 4-11　不同系统进口流体总质量流量下，并联各支管进、出口参数分布的计算结果

为了便于对比不同工况间的流量分配结果，本文采用无量纲流量(M^+)来表示各支管的流量值，如式(4-2)所示：

$$M^+(I)=\frac{M(I)}{\overline{M}} \tag{4-2}$$

式中，$\overline{M}$ 表示各支管进口流体质量流量的平均值。

同时，为了定量描述各支管间流量、干度、壁温等参数分布的均匀程度，本文计算了各支管间对应参数的相对标准偏差(RSD)进行辅助分析。一般情况下，RSD 越大，表明各支管间参数的分布越不均匀。RSD 的计算公式如式(4-3)所示：

$$RSD=\frac{SD}{\overline{X}}=\frac{\sqrt{\dfrac{\sum\limits_{I=1}^{N_B}[X(I)-\overline{X}]^2}{N_B-1}}}{\overline{X}} \tag{4-3}$$

式中，$X(I)$表示支管 I 对应的计算参数 X(包括进口流体流量、进口流体干度、出口流体焓值、出口壁面温度)；$\overline{X}$ 表示各支管计算参数 X 的平均值；SD 表示各支管计算参数 X 的绝对标准偏差；N_B为支管总数目。

在图 4-11(a)(b)(c)(d)中，分别表示各支管的进口流体流量(M^+)、进口流体干度(x)、出口流体焓值(H)、出口壁面温度(T_w)。首先从图 4-11(b)中可看出，在所有工况下，沿着集箱进口来流方向，从支管 1 到支管 5，各支管进口流体干度均依次显著降低，分布极为不均匀。这是因为两相流体在垂直上升 T 形三通内进行流量分配时，气相由于密度较小，受浮升力等因素的影响，多数气体集中于进口管道的上半部分，更容易向上流动，进入垂直上升的支管。因此，从支管 1 到支管 5 流体干度依次下降，并且支管 1 流体干度明显高于其他支管。从图 4-11(a)中可看出，在系统进口总流量较低的工况($M_{total}=0.5\mathrm{kg\cdot s^{-1}}$、$1.0\mathrm{kg\cdot s^{-1}}$)下，从支管 1 到支管 5，各支管的流量均呈现逐渐降低的趋势，这是因为在并联垂直上升管中各支管进、出口压降通过流量分配维持在一个相对平衡的状态，而各支管进、出口总压降近似等于沿程摩擦阻力压降和重位压降之和，当系统进口两相总流量较低时，各支管内的沿程摩擦阻力压降相比于重位压降较小，重位压降在系统总压降中占据主导地位。此时，对于管内流体干度较高的支管(如支管 1)，其流体平均密度较小，重位压降明显低于其他支管的重位压降。为了确保各支管进、出口总压降的平衡，分配进入该支管的两相流体流量较大，增大该支管内的沿程摩擦阻力压降。随着系统进口两相流体总流量的增加，支管1流体干度明显上升，其他支管流体干度变化较为微弱，同时支管1流体流量明显降低，支管2到支管5的流体流量相应有所增加，这主要是因为随着进口工质总流量的增加，各支管内的沿程摩擦阻力压降增加，在系统总压降中的比重逐渐超过重位压降而占据主导地位。此时，在支管1中，流体干度较高而且随着M_{total}的增加明显上升，其两相流摩擦阻力系数同样随之增加，分配得到的两相流量相应降低来维持各支管进出口压降的平衡，同时分配进入支管2、3、4、5的两相流流量比例逐渐有所上升。

从图4-11(c)(d)中可看出，由于各支管热流密度不变，在系统进口总流量较低的工况($M_{total}=0.5\text{kg}\cdot\text{s}^{-1}$)下，各支管出口流体焓值普遍较高，多数支管出口处流体已达到过热状态，导致出口壁温非常高，随着集箱进口总流量的增加，各支管出口流体焓值逐渐减小，但由于各支管进口气液两相流量分配的不均匀性，各支管的出口流体焓值并非同步降低。其中最为明显的是，随着进口工质总流量的增加，支管1的进口干度急剧上升，进口流量急剧下降，直接导致其出口流体焓值明显高于其他支管，当进口工质总流量增加至4.0kg/s时，支管1出口位置处的流体甚至达到干涸状态，导致其出口壁温急剧上升。

4.2.1.2 进口流体干度的影响

图4-12给出了系统进口流体干度(x_{total})分别为0.1、0.2、0.4、0.6、0.8时，并联各支管进出口参数分布的计算结果。其中，系统进口压力为10MPa，各支管热流密度相等且均为$200\text{kW}\cdot\text{m}^{-2}$，系统进口流体总质量流量为$1.0\text{kg}\cdot\text{s}^{-1}$。

首先从图4-12(a)(b)中可以看出，随着系统进口流体干度的增加，各支管的进口流体干度均有所增加，直到该支管内两相流体干度增加至1.0，对于远离集箱进口来流方向的支管，其进口流体干度增加较为缓慢，各支管的流体干度分布仍呈现从支管1到支管5逐渐降低的趋势。同时，随着系统进口流体干度的增加，各支管内两相流体流量的变化较为复杂。支管1内两相流体流量比率呈现逐渐减小的趋势，支管2、3、4内两相流体流量比率依次呈现先增加后减小的趋势。这是因为随着系统进口流体干度的增加，由于气相优先流入靠近集箱进口来流方向的支管，因此靠近来流方向的支管内的流体干度最先趋于饱和，直到接近于1后基本不再变化。随着系统进口流体干度的继续增加，气相流量逐渐进入其后续的下一根支管，导致其流体干度明显上升，其重位压降明显减小，为了维持各支管进出口压降的平衡，该支管分配得到的两相流流量比率明显增加，其他支管分配得到的两相流量比例则有所降低，直到该支管内流体干度同样趋于饱和，

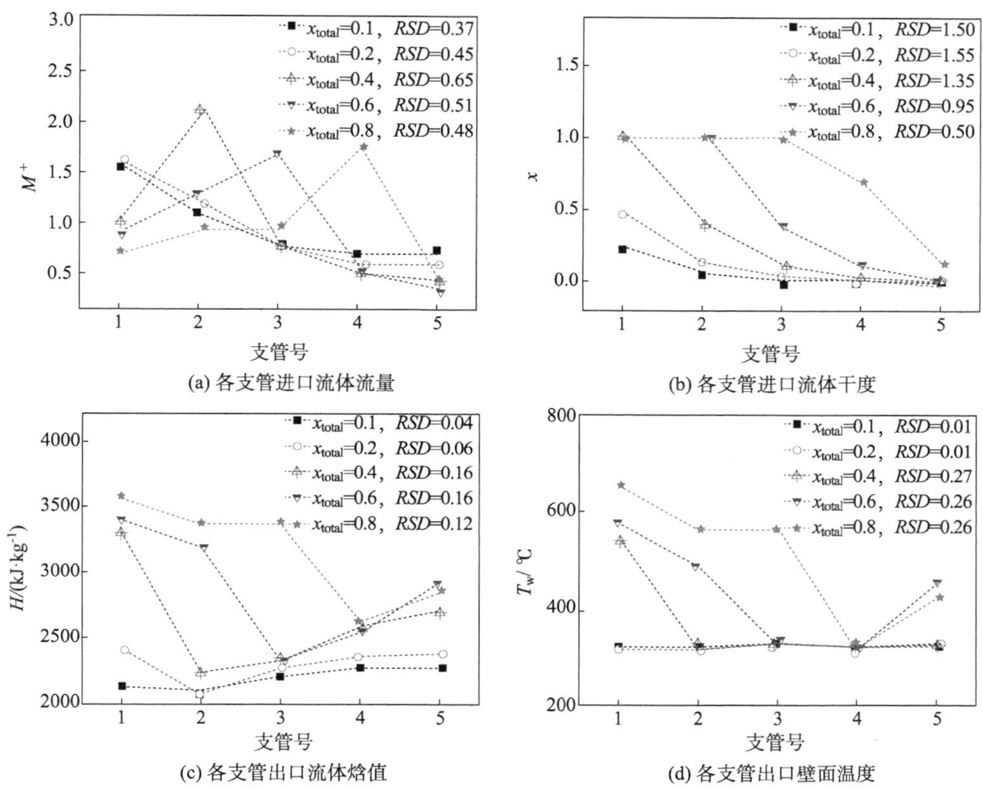

图 4-12　不同系统进口流体干度下，并联各支管进、出口参数分布的计算结果

并依次类推。而支管 5 由于距离集箱进口来流方向最远，其流体干度基本没有明显变化，因此其分配的两相流体流量的变化相对较小。与此同时，从图 4-12(c)(d)中可以看出，随着各支管进口流体干度的增加，各支管出口流体焓值均有所上升，但由于各支管进口气-液两相流量分配的不均匀性，各支管出口流体焓值上升的幅度并不相同，尤其是对于靠近集箱进口来流方向的支管，由于其进口流体干度增加最为明显，其出口流体焓值的增加幅度也最为显著，当其出口位置处流体达到过热状态，就极容易引发壁温的急剧上升，威胁系统的安全运行。

4.2.1.3　系统压力的影响

图 4-13 和图 4-14 分别给出了系统进口流体干度为 0.2 和 0.5 时，不同系统压力下并联各支管进、出口参数分布的计算结果。其中，系统进口流体总质量流量为 $1.0\text{kg}\cdot\text{s}^{-1}$，各支管热流密度相等且均为 $200\text{kW}\cdot\text{m}^{-2}$。

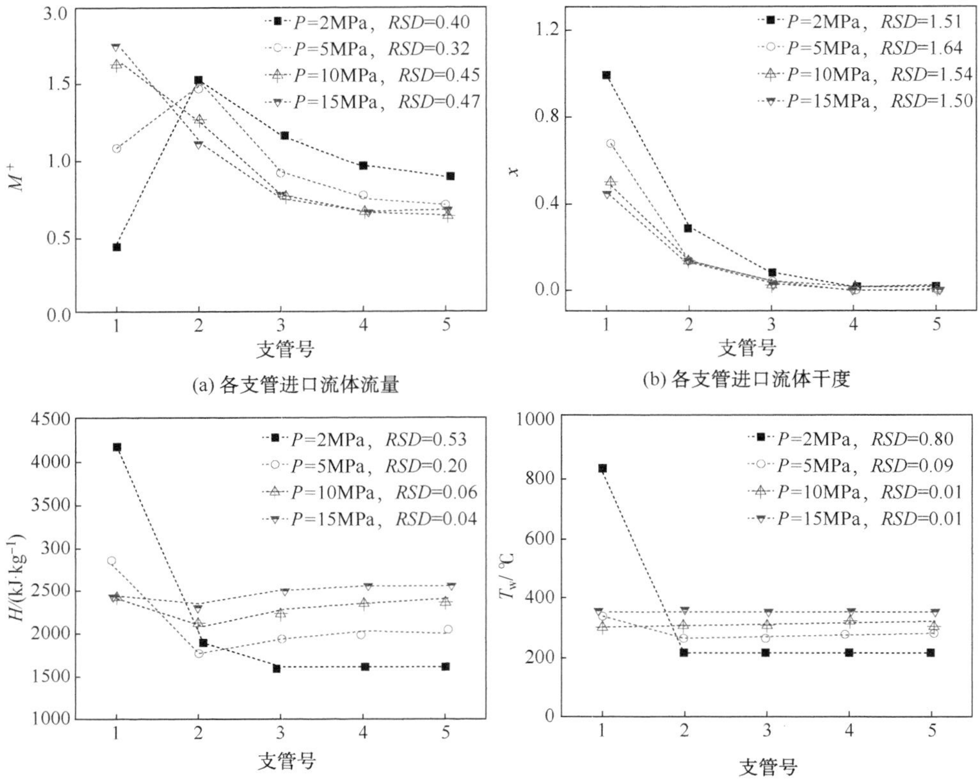

(a) 各支管进口流体流量

(b) 各支管进口流体干度

(c) 各支管出口流体焓值

(d) 各支管出口壁面温度

图 4-13　不同系统压力下，并联各支管进、出口参数分布的计算结果($x_{total}=0.2$)

从图 4-13 及图 4-14 中可以看出，随着压力的降低，气液两相密度差逐渐增大，靠近集箱进口来流方向支管分配得到的两相流体流量比例明显下降，远离来流方向的支管分配得到的两相流量比例则有所上升；同时，随着压力的降低，各支管进口的流体干度有着不同程度的增加，各支管出口流体焓值及出口壁面温度的不均匀度明显增大，尤其是靠近集箱进口来流方向支管的进口流体干度明显上升，其出口流体焓值极高，极容易出现壁面过热及超温现象。例如，在图 4-13 中，当压力降低至 2MPa 时，支管 1 的进口流体干度直接增加至 1.0，导致支管 1 的出口流体焓值明显高于其他支管，直接引发传热恶化及壁温飞升，工况极为危险。因此，对于亚临界两相流流量分配而言，压力降低不利于系统的安全运行。

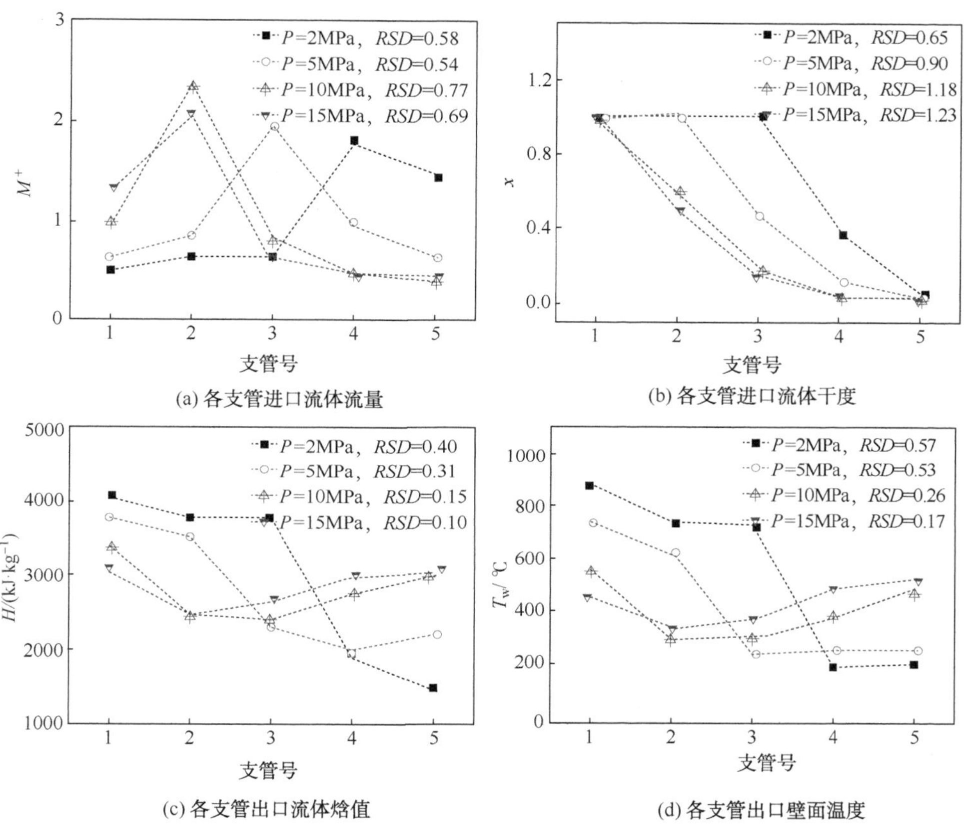

(a) 各支管进口流体流量

(b) 各支管进口流体干度

(c) 各支管出口流体焓值

(d) 各支管出口壁面温度

图 4-14　不同系统压力下，并联各支管进、出口参数分布的计算结果($x_{total}=0.5$)

4.2.2　结构参数对流量分配特性的影响

本小节将利用本文模型分别研究并联管集箱形式、集箱直径、支管数目等因素对蒸汽-水两相流流量分配特性的影响。在计算中，支管管径为 0.02m，集箱直径为 0.1m，支管间距为 0.2m，支管长度为 10m；系统进口压力为 10MPa，进口流体总质量流量为 1.0kg · s^{-1}。

4.2.2.1　集箱形式对两相流流量分配特性的影响

图 4-15 及图 4-16 分别给出了在系统进口流体干度分别为 0.2 和 0.4 时，Z 形、U 形和无汇集集箱形式下的并联各支管进、出口参数分布的计算结果，计算中系统其他参数保持不变，支管数目为 5，各支管的热流密度均为 200kW · m^{-1}。

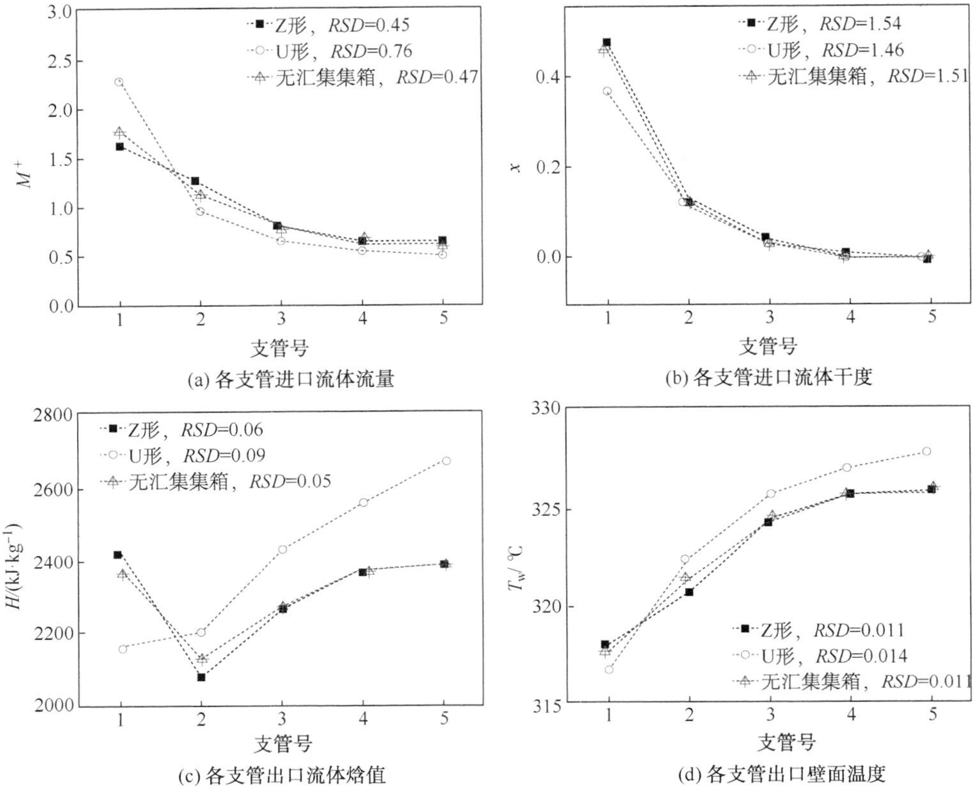

(a) 各支管进口流体流量

(b) 各支管进口流体干度

(c) 各支管出口流体焓值

(d) 各支管出口壁面温度

图 4-15　不同集箱形式下，并联各支管进、出口参数分布的计算结果($x_{total}=0.2$)

从图 4-15 及图 4-16 中可以看出，集箱形式对并联管内两相流的流量分配特性有较为明显的影响，对于同样的工况，集箱内流体的流动方向不同时，流量分配结果也不同。Z 形和无汇集集箱形式下并联管内的两相流分配结果较为类似，但是 U 形并联管与其他两种形式的并联管内的流量分配特性差异较为明显。相比而言，对于 Z 形并联管系统来说，各支管间的流体干度分布梯度更为悬殊[图 4-15(b)、图 4-16(b)]，靠近集箱进口来流方向支管的进口流体干度往往远高于后续的支管，导致其出口流体焓值往往明显高于其他支管[图 4-15(c)、图 4-16(c)]，极易引发传热恶化及壁温超温等危险工况[图 4-16(d)]，因此，需要重点关注靠近集箱进口来流方向的支管内工质的运行状况。而对于 U 形并联管来说，各支管间的进口流体干度分布梯度相对有所缓和，但是各支管间的工质流量分布梯度极为剧烈，远离集箱进口来流方向的支管分配得到的工质流量比例极低[图 4-15(a)、图 4-16(a)]，导致其出口流体焓值明显较高，容易引发传热

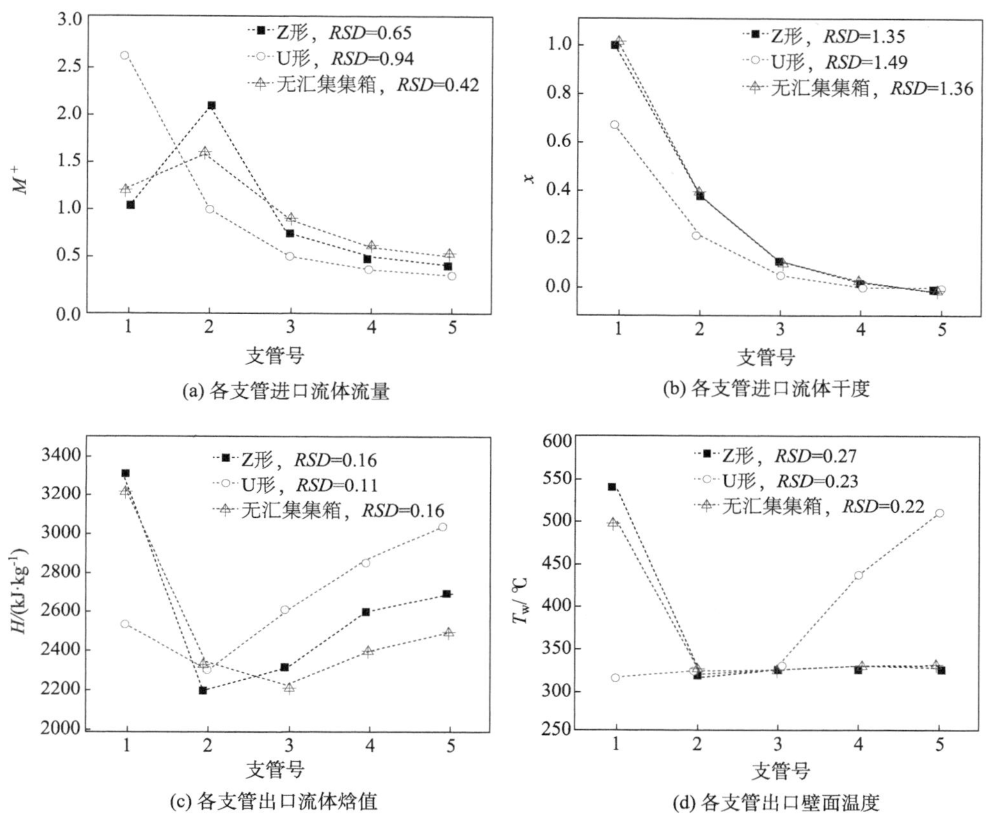

(a) 各支管进口流体流量

(b) 各支管进口流体干度

(c) 各支管出口流体焓值

(d) 各支管出口壁面温度

图 4-16　不同集箱形式下，并联各支管进、出口参数分布的计算结果($x_{total}=0.4$)

恶化及壁温超温等危险工况[图 4-16(d)]，因此，需要特别关注远离集箱进口来流方向的支管内工质的运行状况。因此，集箱形式的不同对并联管内两相流流量分配特性有着明显的影响，在实际预测中忽略汇集集箱的存在将会给预测结果带来较大的误差。

4.2.2.2　支管数目的影响

由于支管数目与热负荷边界条件相互耦合，本文在研究支管数目对并联管内两相流流量分配特性的影响时，保持整个系统的总加热功率相同且均为 628.3kW。图 4-17 及图 4-18 分别给出了 Z 形及 U 形集箱形式下并联各支管进、出口参数分布随支管数目的变化结果，其中，系统进口流体干度为 0.2。

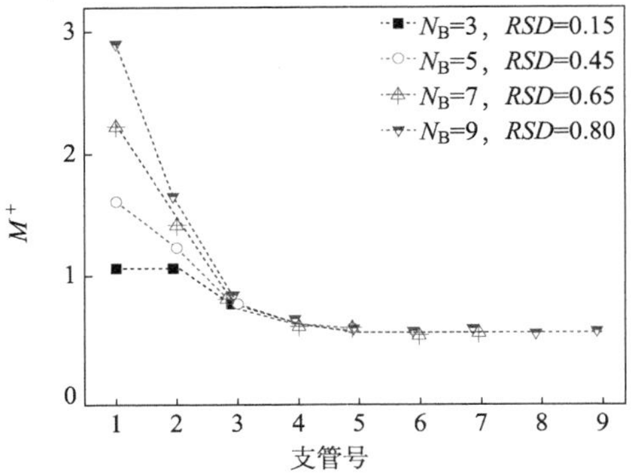

(a) 各支管进口流体流量

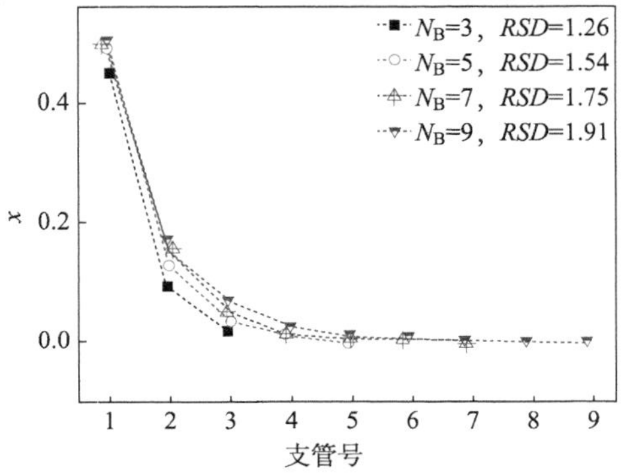

(b) 各支管进口流体干度

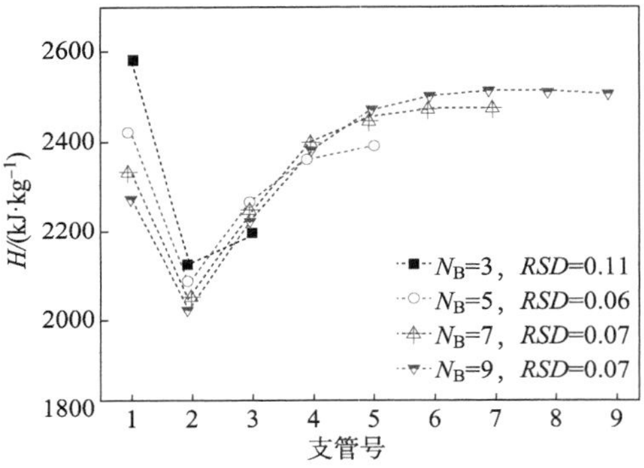

(c) 各支管出口流体焓值

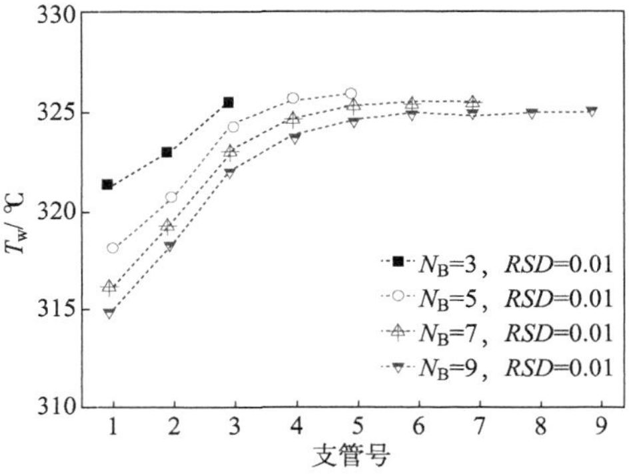

(d) 各支管出口壁面温度

图 4-17　不同支管数目下，Z 形集箱形式下并联各支管进、出口参数分布的计算结果

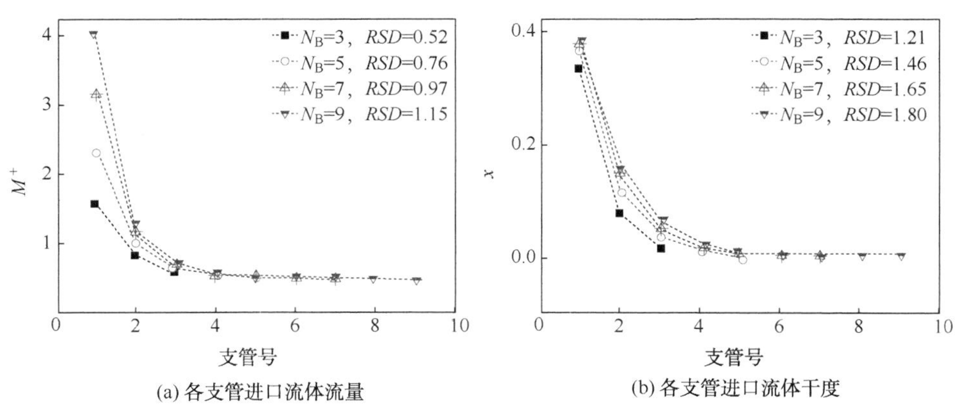

(a) 各支管进口流体流量

(b) 各支管进口流体干度

图 4-18　不同支管数目下，U 形集箱形式下并联各支管进、出口参数分布的计算结果

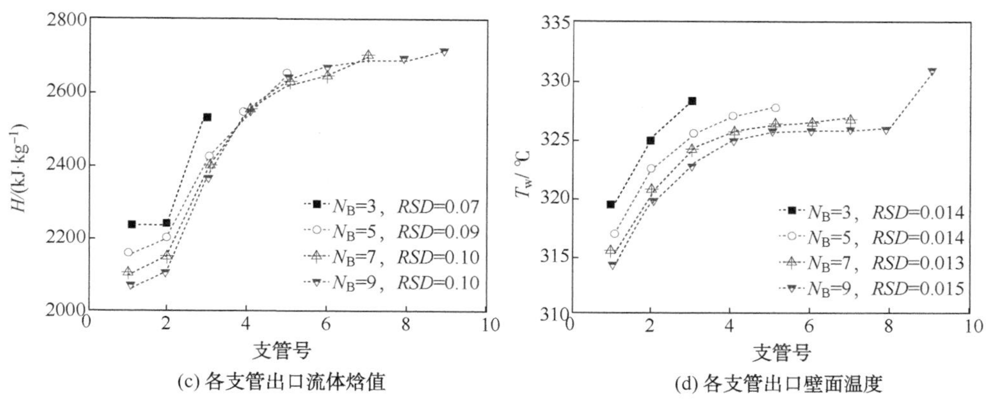

(c) 各支管出口流体焓值

(d) 各支管出口壁面温度

图 4-18　不同支管数目下，U 形集箱形式下并联各支管进、出口参数分布的计算结果(续)

由图 4-17 及图 4-18 可以看出，无论在何种集箱形式下，当支管数目不同时，各支管进、出口参数随支管序号的分布趋势近乎一致，而且随着支管数目的增加，各支管进口流量分配及进口干度分布的相对不均匀度有所增加。由于在不同支管数目下，系统总的加热功率维持不变，因而各支管出口流体焓值及壁面温度基本维持在同等水平。但是，由于总加热功率不变，随着支管数目的减小，各支管上的热流密度逐渐增大，内壁面对流换热系数有所降低，导致其出口壁面温度呈现逐渐升高的趋势[图 4-17(d)、图 4-18(d)]。

4.2.2.3　集箱直径的影响

图 4-19 和图 4-20 分别给出了在不同集箱直径下 Z 形并联管系统和 U 形并联管系统中各支管进、出口参数分布的计算结果，计算中，其他条件保持不变。集箱直径对两相流体流量分配特性的影响规律与单相流体流量分配特性有明显不同，对于单相流体而言，集箱直径越大，流量分配相对越均匀(图 4-5)，然而，集箱直径对两相流体流量分配的影响较为复杂。从图 4-19 和图 4-20 中可以看出，无论在 Z 形并联管系统还是在 U 形并联管系统中，随着集箱直径的增加，两相流体倾向于流入最靠近来流方向的支管 1，导致支管 1 两相流量有明显上升，同时支管 1 的流体干度有所降低，这使得支管 1 出口流体焓值有明显降低，而远离来流方向的支管 4 和支管 5，由于分配得到的流量降低，其出口流体焓值则有所上升。当集箱直径增加到一定程度时，随着集箱直径的增加，各支管进、出口参数分布已经基本没有变化。

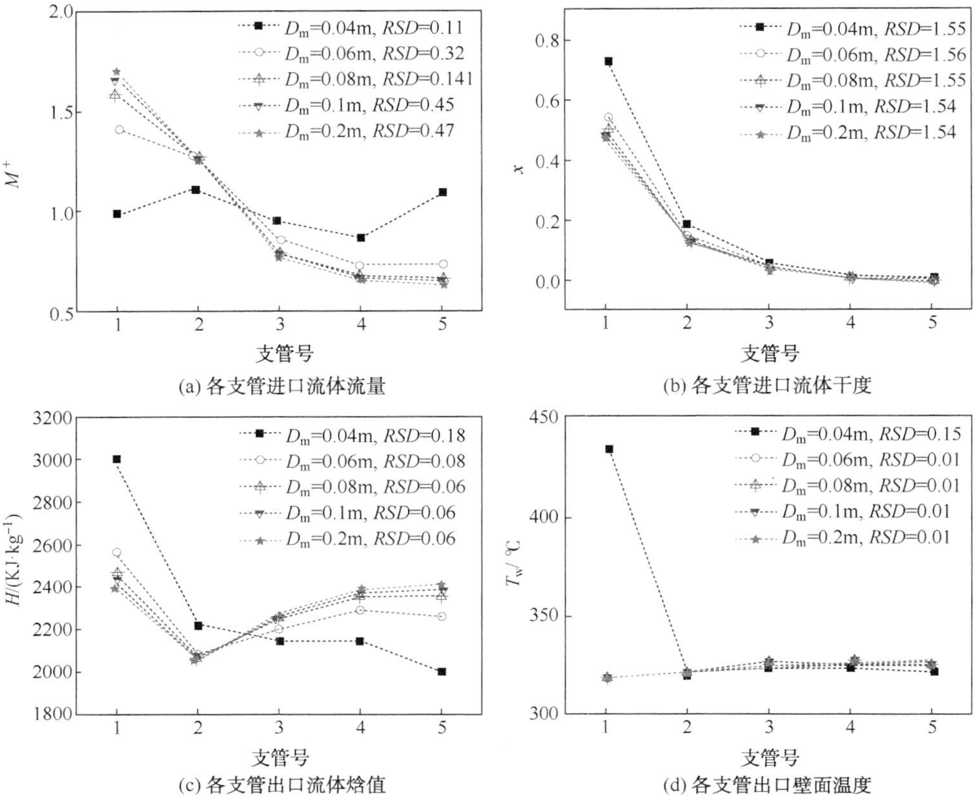

(a) 各支管进口流体流量

(b) 各支管进口流体干度

(c) 各支管出口流体焓值

(d) 各支管出口壁面温度

图 4-19　不同集箱直径下 Z 形并联管系统中各支管的流量分配

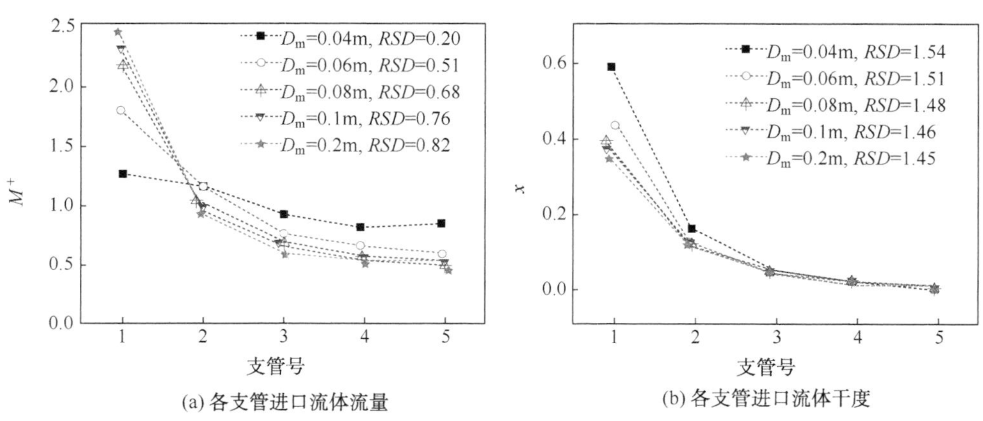

(a) 各支管进口流体流量

(b) 各支管进口流体干度

图 4-20　不同集箱直径下 U 形并联管系统中各支管的流量分配

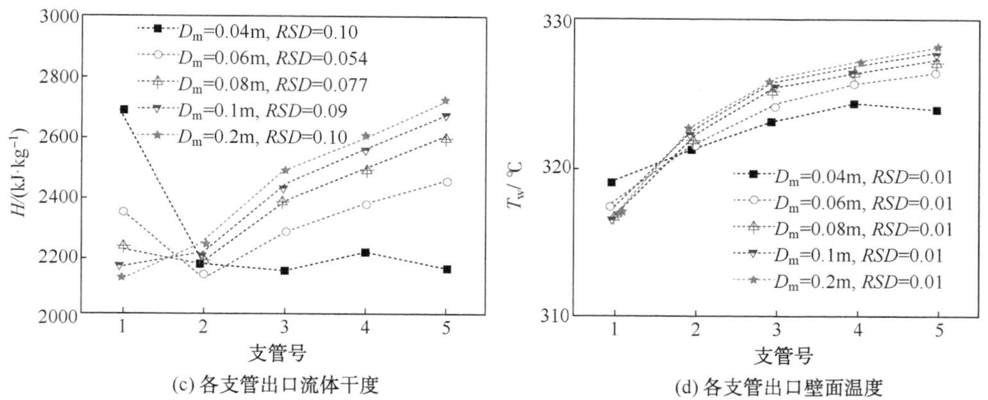

(c) 各支管出口流体干度

(d) 各支管出口壁面温度

图 4-20　不同集箱直径下 U 形并联管系统中各支管的流量分配(续)

4.3　本章小结

利用本书建立的数学模型，对稳态工况下并联垂直上升管内单相及两相工质的流量分配特性进行了研究，重点研究了集箱-支管结构参数、热负荷变化，以及进口条件等因素对工质流量分配特性的影响规律，主要结论如下：

对于集箱进口为单相流：

(1) 适当增加各支管的进、出口阻力系数和支管长度，有利于各支管流量均匀分配。增大集箱直径可以有效改善并联管系统的流量分配特性。支管间距对流量分配特性的影响相对较为微弱。

(2) 与亚临界压力下的情况类似，在超临界压力下，并联管系统也存在一个临界质量流速。当系统质量流速低于该临界质量流速时，呈现正流量响应特性；高于临界质量流速时，呈现负流量响应特性。无论在亚临界压力还是在超临界压力下，临界质量流速随着系统压力的上升而逐渐增大，随着系统进口流体焓值的增加而逐渐减小。

对于集箱进口为两相流：

(1) 气液两相流在垂直上升并联管系统内进行流量分配时，气相由于密度较小，在浮升力等因素作用下会优先进入靠近集箱进口来流处的支管，使得越靠近来流方向支管的进口流体干度越高，导致各支管进口流体干度分布极不均匀。同时，由于各支管内两相流动的压降-流量特性受管内工质的重位压降与摩擦压降相互关系的影响，各支管间流体干度的极端不均匀分布导致不同工况下各支管的流量分配特性变化异常复杂。

（2）压力降低不利于系统的安全运行。随着压力的降低，各支管出口流体焓值及出口壁面温度的不均匀度明显增大，靠近集箱进口来流方向支管的出口流体焓值明显上升，极易引发传热恶化及壁温飞升等危险工况，给系统安全运行带来了严重威胁。

（3）集箱形式的不同对并联管内两相流流量分配有着明显的影响，在预测中忽略汇集集箱的存在会给计算结果带来较大误差。对于Z形并联管而言，靠近集箱进口来流方向的支管更容易出现出口壁温飞升及壁面过热的危险工况，需要重点关注；对于U形并联管则恰好相反。

5 动态变负荷工况下并联管内流量分配特性计算分析

前文系统研究了在稳态条件下单相流体及两相流体在并联管内的流量分配特性，分析了各主要参数对流量分配特性的影响。现有大多能源系统除了在额定工况下稳态运行之外，往往还需满足电网调峰的需求，需要具备快速变负荷运行的能力，在变工况运行过程中，壁面热负荷、系统压力、总流量等工况参数会发生大幅度的变化，工质的物性及流态也会随之发生较大的变化，非常有必要针对并联管系统在动态过程中的流量分配特性进行研究。本章将利用本书所开发的并联管流量分配计算模型，分别以阶跃扰动和斜坡扰动为例，对变负荷工况下并联管内单相及两相流体的流量分配特性开展研究。

5.1 阶跃动态扰动条件下单相流体的流量分配特性研究

本小节以阶跃扰动响应特性为例研究不同边界条件发生阶跃扰动后并联管内超临界单相流体的动态流量分配特性。在本小节计算中，为了便于分析，并联支管数目为 4，分配集箱沿水平方向布置，各支管垂直上升布置，集箱直径为 0.10m，支管直径为 0.025m，支管长度为 10m，支管间距为 0.1m。初始时刻，系统进口压力为 25MPa，各支管热负荷相等且均为 200kW · m^{-2}，系统进口总质量流量为 2.0kg · s^{-1}，进口工质流体焓值为 1800kJ · kg^{-1}。在 $t=5s$ 时，对系统进口流体流量、系统进口流体焓值、系统进口流体压力、支管热负荷分别施加阶跃扰动，计算各支管进、出口流体流量、流体温度的动态响应特性。

5.1.1 系统进口流体流量的阶跃增加

图 5-1 给出了当系统进口流体流量阶跃增加 10%后，各支管进、出口流体流量及进、出口流体温度的动态响应特性。从图 5-1 中可以看出，在初始稳态时刻，由于集箱的影响，各支管分配得到的流体流量有一定差别；当系统进口流体

流量阶跃增加后，各支管进口流体流量迅速上升，并恢复稳定状态，各支管出口流体流量的响应过程相对较为缓慢，经过初期的迅速上升后，缓慢上升至稳定状态；同时，随着管内流体流量的上升，各支管出口流体温度逐渐下降，最后达到稳定状态。

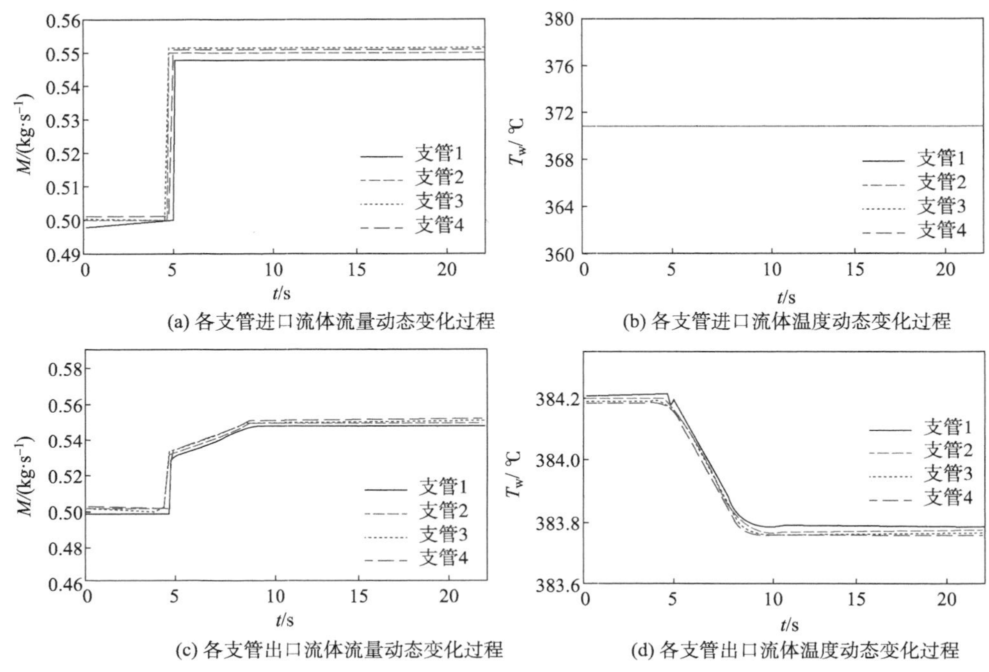

图 5-1　系统进口流体流量阶跃增加 10%后，各支管进、出口流体参数的动态响应特性

5.1.2　系统进口流体焓值的阶跃增加

图 5-2 给出了当系统进口流体焓值阶跃增加 10%后，各支管进、出口流体流量及进、出口流体温度的动态响应特性。

从图 5-2 中可以看出，当系统进口流体焓值阶跃增加后，各支管进口流体温度迅速上升，各支管的进口流体流量经历短期的小幅度震荡后恢复至平稳状态；由于各支管进口流体焓值上升，各支管内流体密度则有所减小，导致出口流体流量瞬间上升，各支管出口流体温度瞬间下降；由于系统进口总工质流量不变，各支管出口流体流量随后又逐渐下降至与进口工质流量相同的水平。由于各支管进口流体温度相比于初始时刻有所增加，各支管出口流体温度随后又逐渐上升，最后恢复平稳。

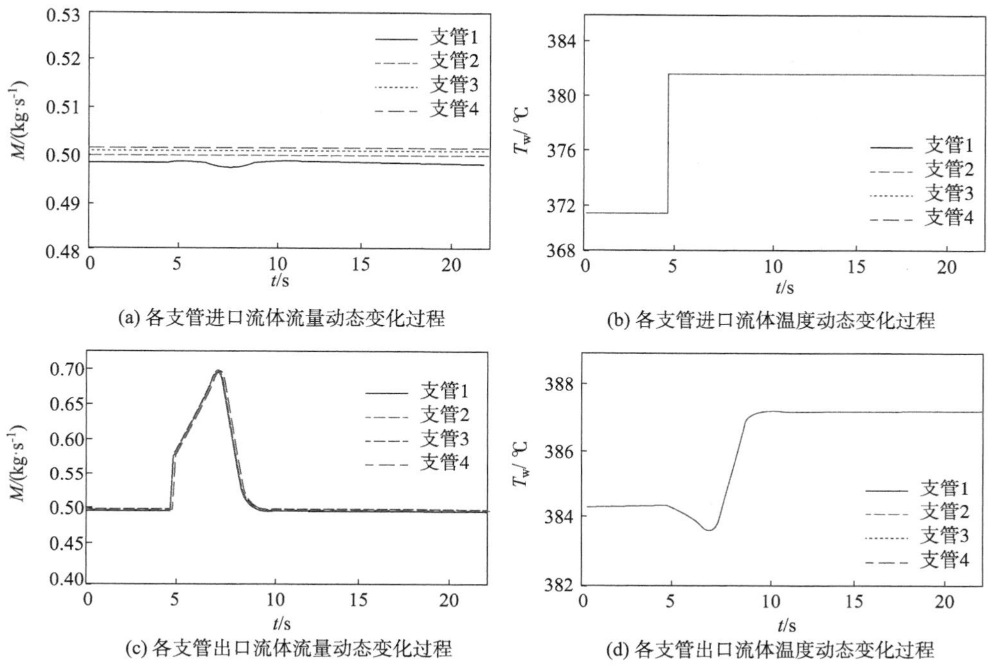

(a) 各支管进口流体流量动态变化过程 (b) 各支管进口流体温度动态变化过程

(c) 各支管出口流体流量动态变化过程 (d) 各支管出口流体温度动态变化过程

图 5-2 系统进口流体焓值阶跃增加 10%后，各支管进、出口流体参数的动态响应特性

5.1.3 系统进口压力的阶跃增加

图 5-3 给出了当系统进口流体压力阶跃增加 1%后，各支管进、出口流体流量及进、出口流体温度的动态响应特性。从图 5-3 中可以看出，当系统进口流体压力阶跃增加后，各支管进口流体流量及进口流体温度基本保持不变；由于各支管进口压力突然增加，各支管出口流体流量迅速下降，各支管出口流体温度则迅速上升；随着压力的稳定，各支管出口流体流量恢复至与初始状态相同的水平，各支管出口流体温度逐渐恢复至较初始值略高的水平。

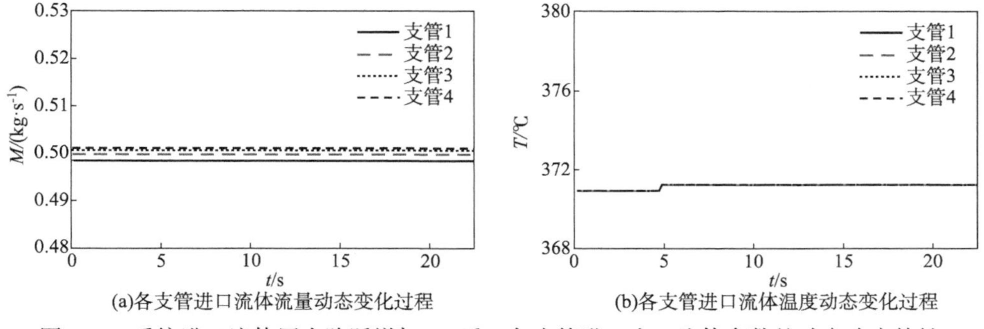

(a)各支管进口流体流量动态变化过程 (b)各支管进口流体温度动态变化过程

图 5-3 系统进口流体压力阶跃增加 1%后，各支管进、出口流体参数的动态响应特性

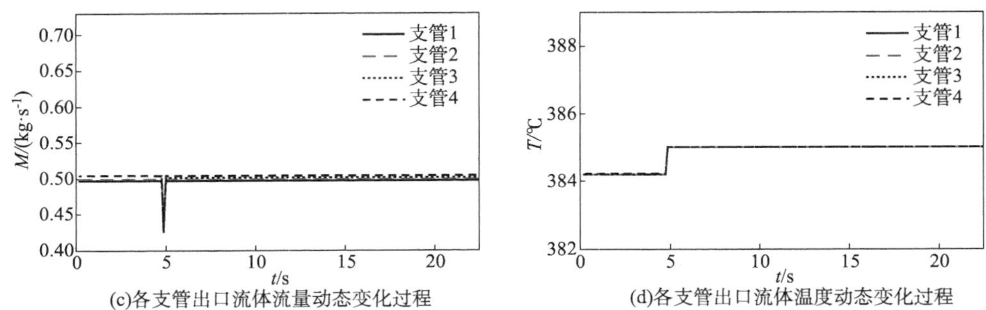

(c)各支管出口流体流量动态变化过程

(d)各支管出口流体温度动态变化过程

图 5-3　系统进口流体压力阶跃增加 1%后，各支管进、出口流体参数的动态响应特性(续)

5.1.4　壁面热负荷的阶跃增加

图 5-4 给出了当系统各支管热负荷阶跃增加 10%后，各支管进、出口流体流量及进、出口流体温度的动态响应特性。从图 5-4 中可以看出，当各支管热负荷阶跃增加后，各支管进口流体流量及流体温度基本保持不变；由于各支管壁面热负荷阶跃增加，各支管沿程流体温度(包括出口流体温度)逐渐上升，各支管内流体密度则有所减小，导致各支管出口流体流量瞬间有所上升，但由于系统进口总工质流量不变，随后各支管出口流体流量又逐渐下降至与进口工质流量相同的水平。

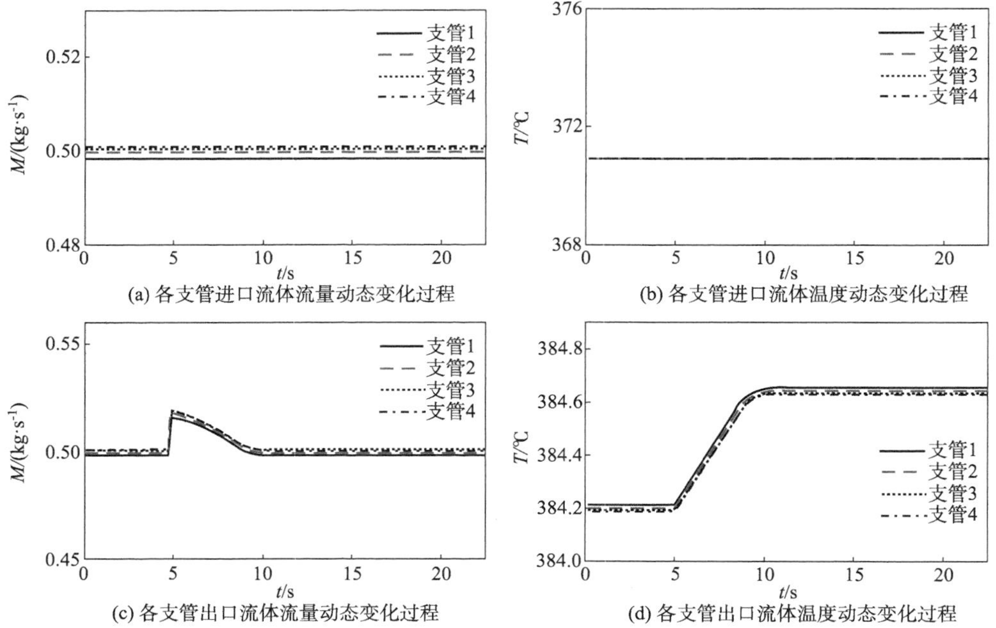

(a) 各支管进口流体流量动态变化过程

(b) 各支管进口流体温度动态变化过程

(c) 各支管出口流体流量动态变化过程

(d) 各支管出口流体温度动态变化过程

图 5-4　各支管热负荷阶跃增加 10%后，各支管进、出口流体参数的动态响应特性

5.2 阶跃动态扰动条件下两相流体的流量分配特性研究

本节针对不同边界条件发生阶跃扰动后并联管内亚临界两相流体的动态流量分配特性开展研究。在本节中，为了便于分析，并联支管数目为 4，分配集箱沿水平方向布置，各支管垂直上升布置，集箱直径为 0.10m，支管直径为 0.025m，支管长度为 10m，支管间距为 0.1m。初始时刻系统进口压力为 10MPa，系统进口总质量流量为 2.0kg · s^{-1}，系统进口流体干度为 0.1，对应的流体焓值为 1540kJ · kg^{-1}，各支管热负荷相等且均为 200kW · m^{-2}。在 $t=5$s 时，对系统进口流体流量、系统进口流体干度、系统进口流体压力、壁面热负荷分别施加阶跃扰动，计算各支管进、出口流体流量、流体干度的动态响应特性。

5.2.1 系统进口流体流量的阶跃增加

图 5-5 给出了当系统进口两相流体总质量流量阶跃增加 10%后，各支管进、出口流体流量及进、出口流体干度的动态响应特性。从图 5-5 中可以看出，在初始稳态时刻，从支管 1 到支管 4，管内流体干度依次下降，管内流体流量依次减小；当系统进口流体流量阶跃增加后，各支管进口流体流量均有不同程度的上升；由于各支管间的相互作用，各支管内流体参数的动态响应过程伴随微弱的震荡；与进口流体流量的响应过程类似，各支管出口流体流量缓慢上升后逐渐恢复稳定；各支管进口流体干度几乎没有明显的变化；由于各支管进口流体流量有所增加，而各支管的热负荷保持不变，导致各支管的出口流体干度均有不同程度的下降，最后恢复稳定。

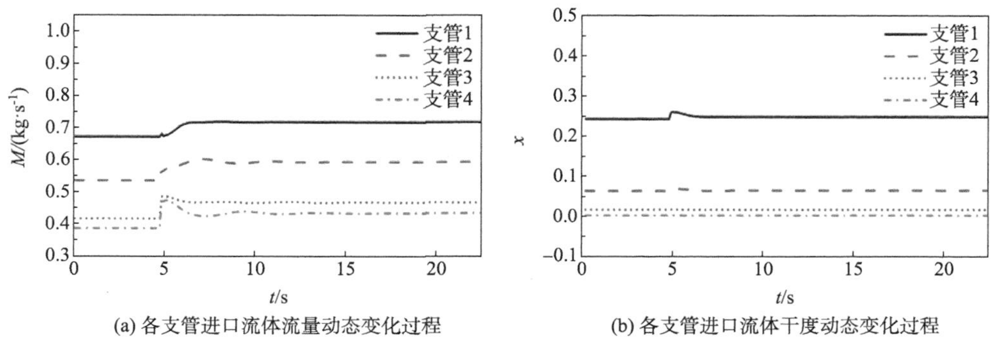

(a) 各支管进口流体流量动态变化过程　　(b) 各支管进口流体干度动态变化过程

图 5-5　系统进口流体流量阶跃增加 10%后，各支管进、出口流体参数的动态响应特性

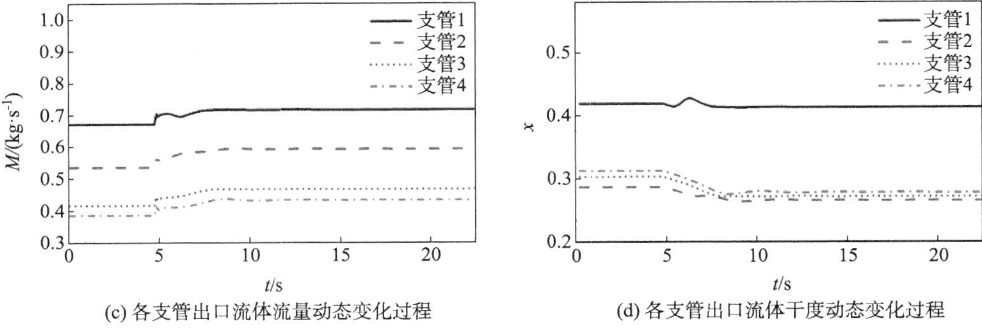

(c) 各支管出口流体流量动态变化过程

(d) 各支管出口流体干度动态变化过程

图 5-5　系统进口流体流量阶跃增加 10%后，各支管进、出口流体参数的动态响应特性(续)

5.2.2　系统进口流体干度的阶跃增加

图 5-6 给出了当系统进口流体干度阶跃增加 50%后，各支管进、出口流体流量及进、出口流体干度的动态响应特性。从图 5-6 中可以看出，当系统进口流体干度阶跃增加后，各支管进、出口流体流量发生较为明显的振荡过程，随后恢复平稳。如前文分析，两相流体在垂直上升并联管内进行流量分配时，气相优先进入靠近进口的支管，因此，支管 1 的进口流体干度上升最为明显，而且从支管 1 到支管 4，管内进口流体干度的上升幅度逐渐下降，支管 4 的进口流体干度几乎没有变化；各支管出口流体干度的响应过程与各支管进口流体干度的响应过程类似。

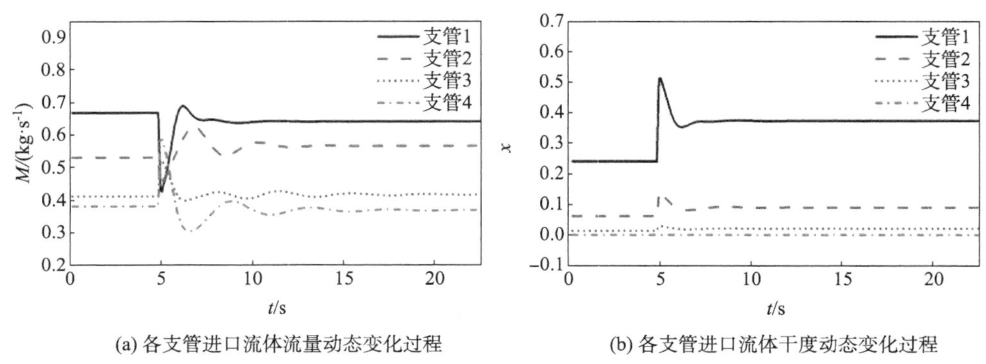

(a) 各支管进口流体流量动态变化过程

(b) 各支管进口流体干度动态变化过程

图 5-6　系统进口流体干度阶跃增加 50%后，各支管进、出口流体参数的动态响应特性

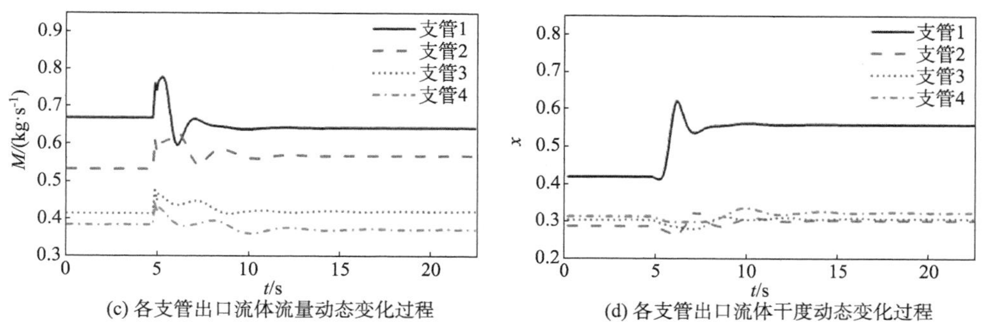

(c) 各支管出口流体流量动态变化过程　　(d) 各支管出口流体干度动态变化过程

图 5-6　系统进口流体干度阶跃增加 50%后，各支管进、出口流体参数的动态响应特性(续)

5.2.3　系统进口压力的阶跃增加

图 5-7 给出了当系统进口流体压力阶跃增加 1%后，各支管进、出口流体流量及进、出口流体干度的响应特性。从图 5-7 中可以看出，当系统进口流体压力阶跃增加后，各支管进口流体流量及进口流体干度经历一定的振荡过程后基本保持不变；由于各支管进口流体压力突然增加，各支管出口流体流量迅速下降，随着压力的稳定各支管出口流体流量恢复至初始状态；各支管出口流体干度的变化则较为微弱。

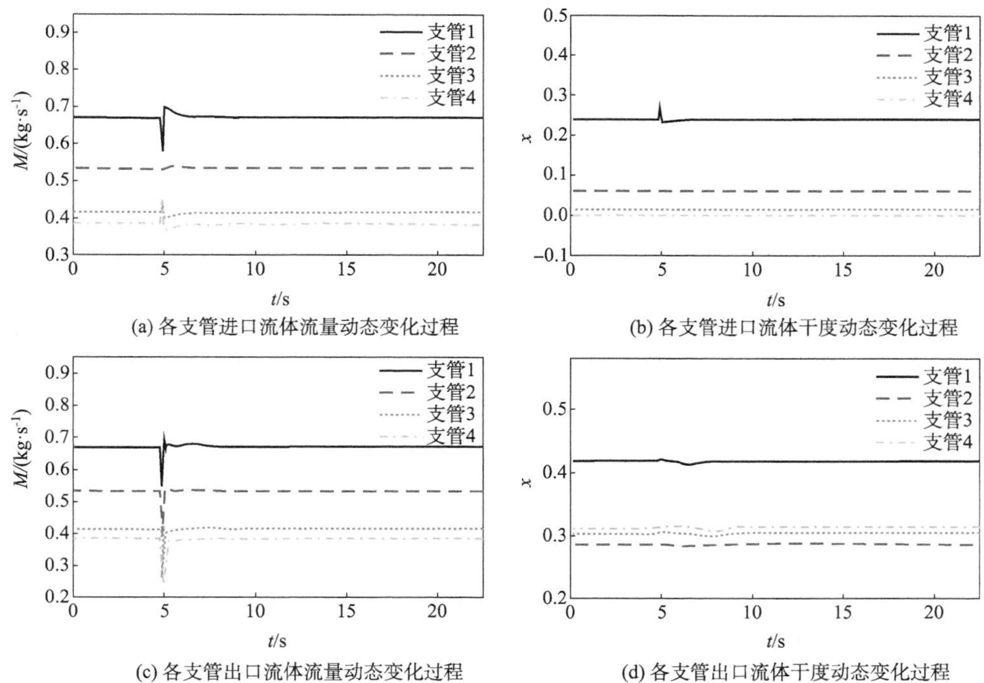

(a) 各支管进口流体流量动态变化过程　　(b) 各支管进口流体干度动态变化过程

(c) 各支管出口流体流量动态变化过程　　(d) 各支管出口流体干度动态变化过程

图 5-7　系统进口流体压力阶跃增加 1%后，各支管进、出口流体参数的动态响应特性

5.2.4 壁面热负荷的阶跃增加

图 5-8 给出了当系统各支管热负荷阶跃增加 10%后，各支管进、出口流体流量及进、出口流体干度的响应特性。从图 5-8 中可以看出，当壁面热负荷阶跃增加后，各支管进口流体流量及进口流体干度基本保持不变；随着壁面热负荷的上升，各支管沿程流体温度逐渐上升，流体密度降低，各支管出口流体干度逐渐上升；由于各支管内流体密度减小，各支管出口流体流量瞬间上升，但由于系统进口总流体流量不变，各支管出口流体流量又逐渐下降至与进口工质流量相同的水平。

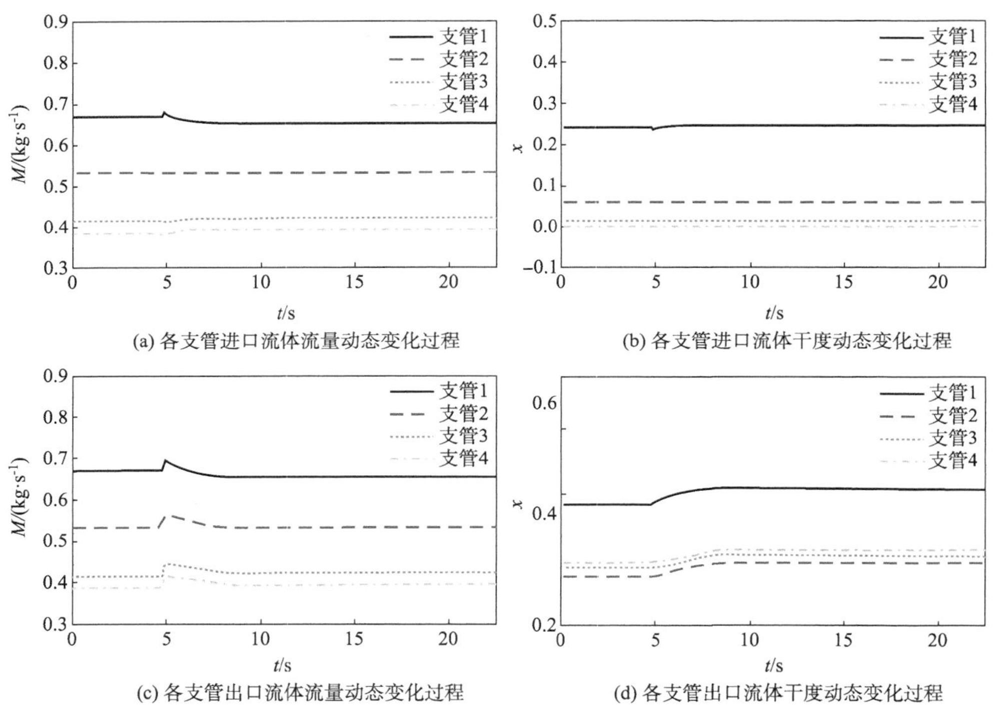

(a) 各支管进口流体流量动态变化过程

(b) 各支管进口流体干度动态变化过程

(c) 各支管出口流体流量动态变化过程

(d) 各支管出口流体干度动态变化过程

图 5-8　各支管热负荷阶跃增加 10%后，各支管进、出口流体参数的动态响应特性

5.3 大范围变负荷工况下工质流量分配特性的计算分析

本节以斜坡扰动方式为例，重点研究在系统负荷大幅度升/降过程中并联管内工质流量分配特性的变化规律，计算中，逐步升/降系统压力，同时保持其他边界条件不变。图 5-9 给出了超临界工况下升负荷过程中，负荷参数、各

支管进口流体流量、出口流体流量、出口流体温度及出口壁面温度的动态响应特性。

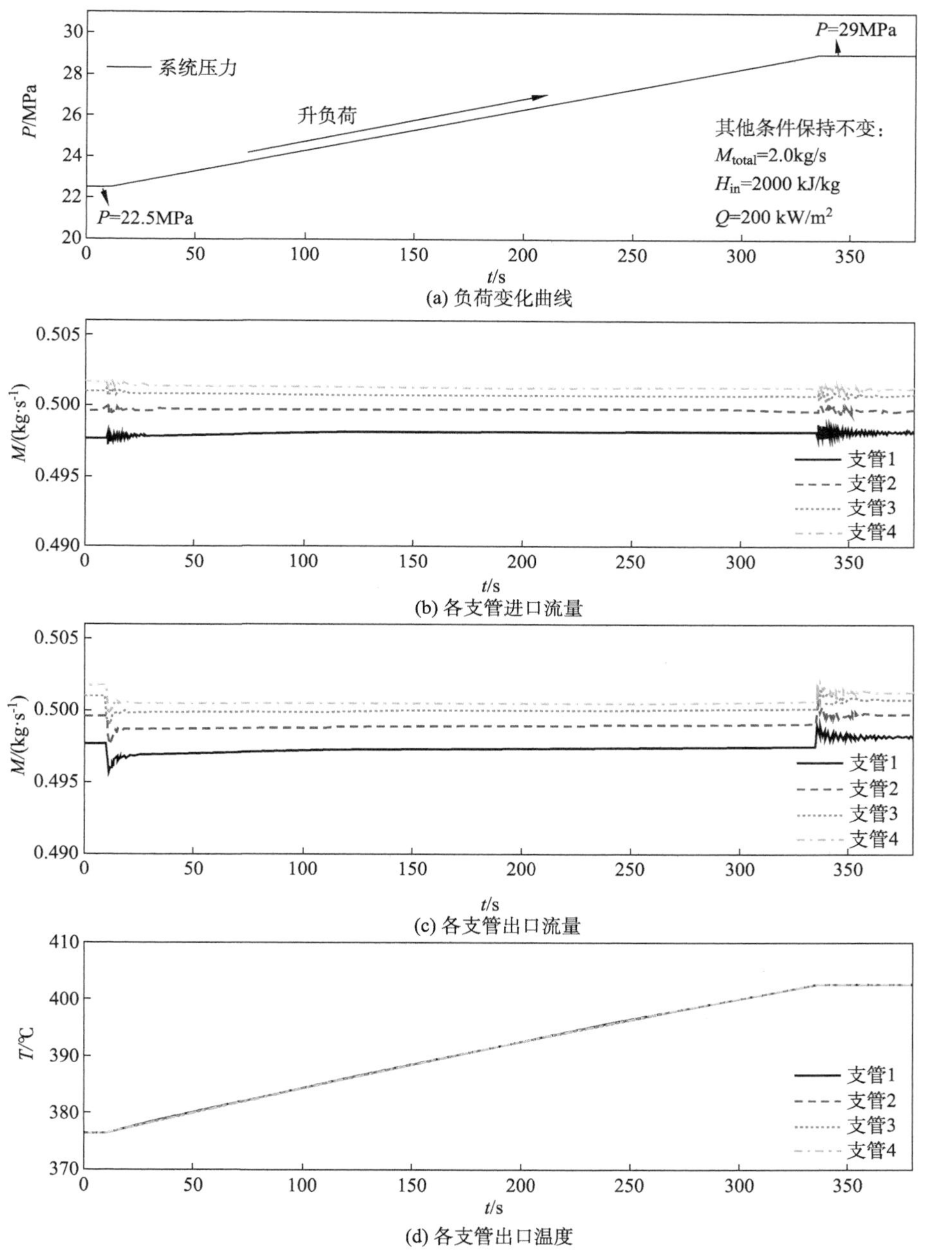

图 5-9　超临界工况下，升负荷过程中各支管进、出口参数的动态响应特性

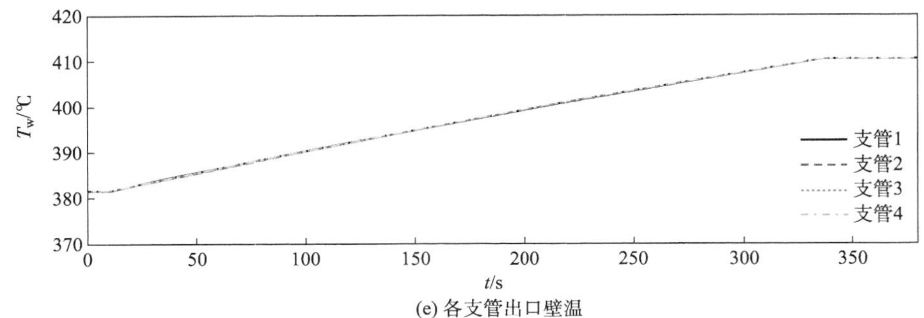

(e) 各支管出口壁温

图 5-9　超临界工况下，升负荷过程中各支管进、出口参数的动态响应特性(续)

从图 5-9 中可以看出，在系统压力开始上升及结束上升的瞬间，各支管进、出口流量均出现明显的振荡过程，随着压力的持续升高，各支管之间进、出口流量的差别有所减小，这意味着各支管间流量分配更为均匀。同时，各支管出口流体温度及出口壁面温度均呈现逐渐上升的趋势，这是因为在压力上升的过程中，虽然出口流体焓值基本不变，但由于管内工质压力的升高，导致相应的流体温度上升，进而壁面温度亦随之上升。值得注意的是，虽然各支管间的流量分配存在明显偏差，使得各支管内单位质量流体吸收的热量有一定区别，但由于超临界流体的比热容非常高，使得各支管的出口流体温度之间的偏差较小。

图 5-10 给出了超临界工况下降负荷过程中，负荷参数、各支管进口流体流量、出口流体流量、出口流体温度及出口壁面温度的动态响应特性。对比图 5-9 和图 5-10 可以看出，由于壁面蓄热等因素的影响，降负荷过程和升负荷过程并非是完全的互逆过程，在降负荷过程中，各支管进、出口参数的变化趋势与升负荷过程相反，但是变化幅度有一定区别，尤其是各支管间流量偏差随压力的变化幅度更为明显。

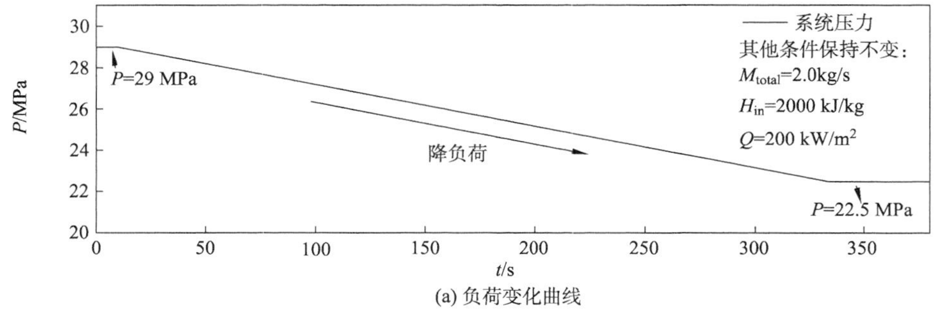

(a) 负荷变化曲线

图 5-10　超临界工况下，降负荷过程中各支管进、出口参数的动态响应特性

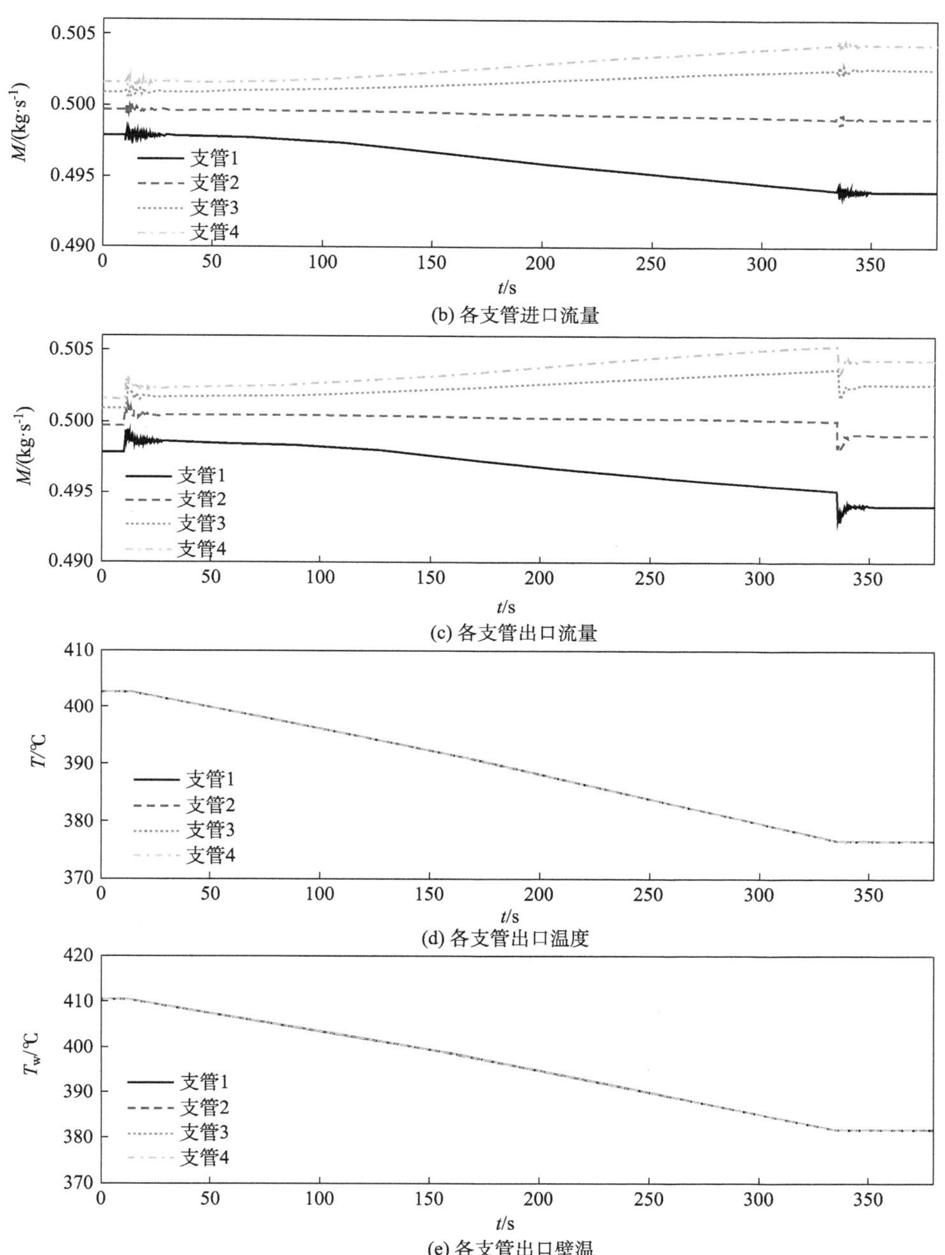

(b) 各支管进口流量

(c) 各支管出口流量

(d) 各支管出口温度

(e) 各支管出口壁温

图 5-10　超临界工况下，降负荷过程中各支管进、出口参数的动态响应特性(续)

图 5-11 给出了亚临界工况下降负荷过程中，负荷参数、各支管进口流体流量、出口流体流量、出口流体干度及出口壁面温度的动态响应特性。从图 5-11

可以看出，在亚临界工况下，由于垂直向上T形三通的相分离作用，气相在经过第一个T形三通时，倾向于进入垂直向上的支管1，使得支管1的干度远高于其他三根支管的干度。这种相分配的极度不均进一步导致各支管之间流量的差别非常大，流量分配极为不均匀。与超临界降负荷工况类似，随着压力的逐步降低，各支管流量分配变得更加不均匀，同时各支管出口流体温度及出口壁面温度同步逐渐下降，而且相比于超临界降负荷工况，亚临界降负荷工况下各支管间出口壁面温度的偏差要更为明显。这一方面是因为亚临界工况下各支管间气相和液相的流量分配更为不均匀；另一方面是因为各支管间的流体干度差异极大，导致各支管内两相流流体的壁面换热能力同样有所不同，进而导致各支管间壁面温度存在明显偏差。此外，由于亚临界工况下，各支管出口均达到两相状态，因此各支管间的出口流体温度没有明显偏差。

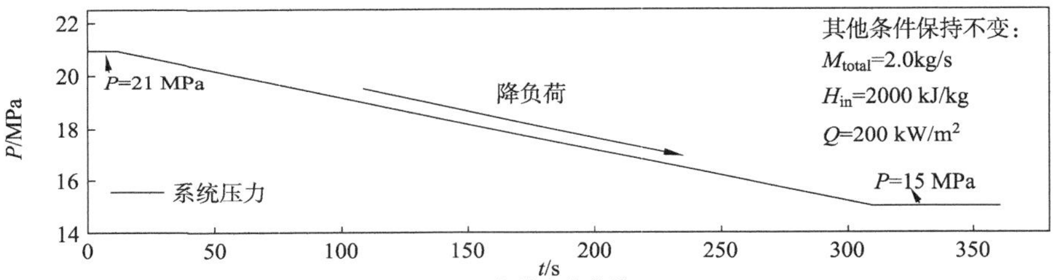

(a)负荷变化曲线

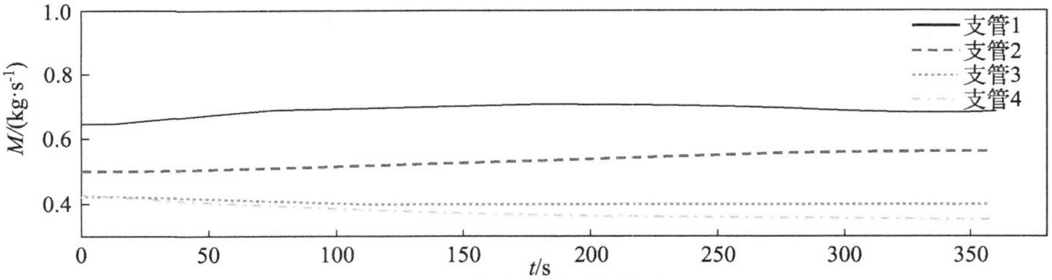

(b)各支管进口流量

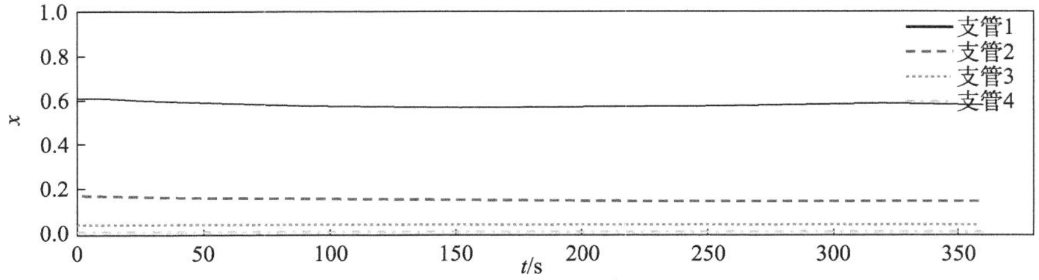

(c)各支管进口干度

图5-11　亚临界工况下，降负荷过程中各支管进、出口参数的动态响应特性

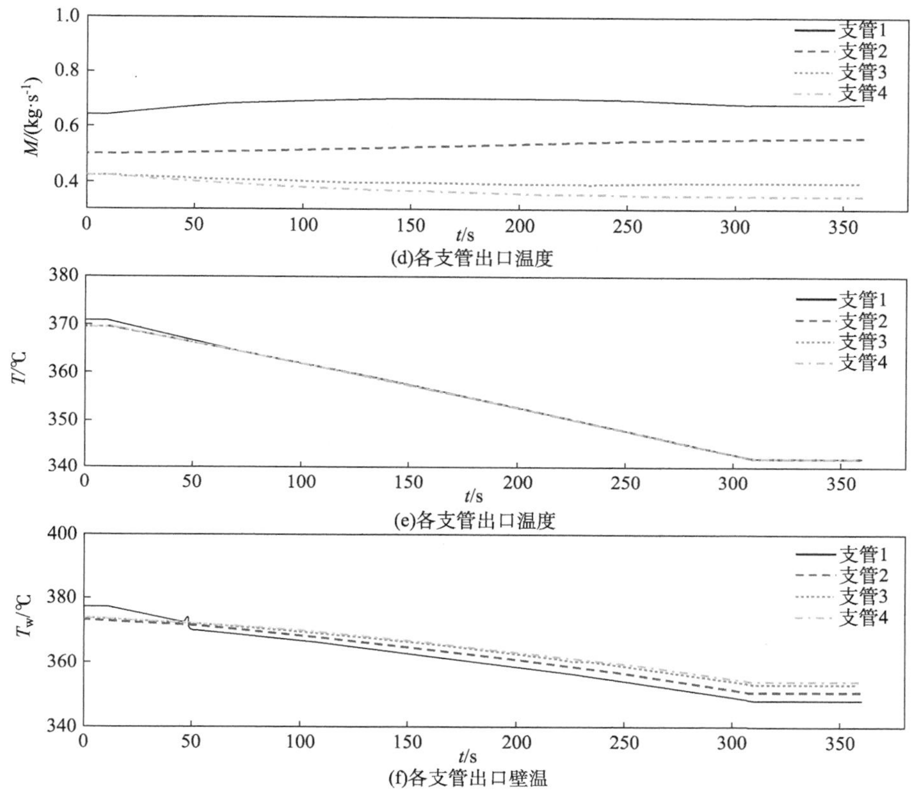

(d)各支管出口温度

(e)各支管出口温度

(f)各支管出口壁温

图 5-11 亚临界工况下，降负荷过程中各支管进、出口参数的动态响应特性(续)

由于在临界点附近工质物性变化极为剧烈，流体参数极不稳定，目前尚无模型可以描述临界点附近流体的流量分配特性，本课题为了获得从超临界到亚临界整个变负荷过程中并联管的动态流量分配特性，采用线性过渡的方法计算跨临界动态过程(22.5～21MPa)中各支管进、出口参数的变化，图 5-12 给出了从 29MPa 持续降压至 15MPa 过程中，负荷参数、各支管进口流体流量、出口流体流量、出口流体干度及出口壁面温度的动态响应特性。

从图 5-12 中可以明显看出，在跨临界区域，当系统由超临界压力降低至亚临界压力的过程中，并联管的流量分配特性发生极为明显的改变，流量分配不均匀程度明显增加，这主要是因为当系统由超临界压力降低至亚临界压力时，流体由单相流体转变为气液两相流，两相间的相互作用对并联管的流量分配有着强烈的影响。随着压力的持续降低，两相之间的密度等物性差别逐渐增加，并联管流量分配变得更加不均匀。

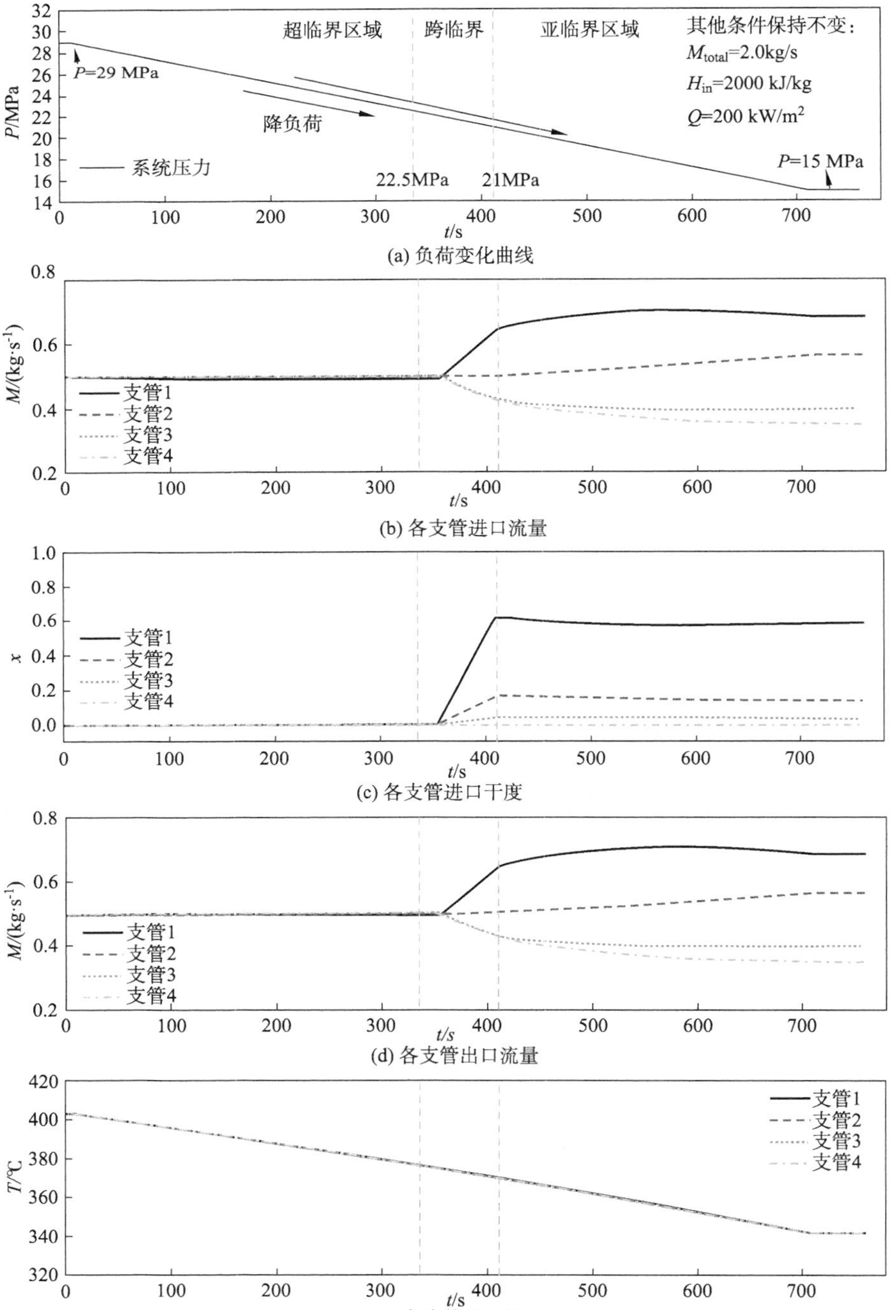

(a) 负荷变化曲线

(b) 各支管进口流量

(c) 各支管进口干度

(d) 各支管出口流量

(e) 各支管出口温度

图 5-12　超临界工况降负荷至亚临界工况过程中，各支管进、出口参数的动态响应特性

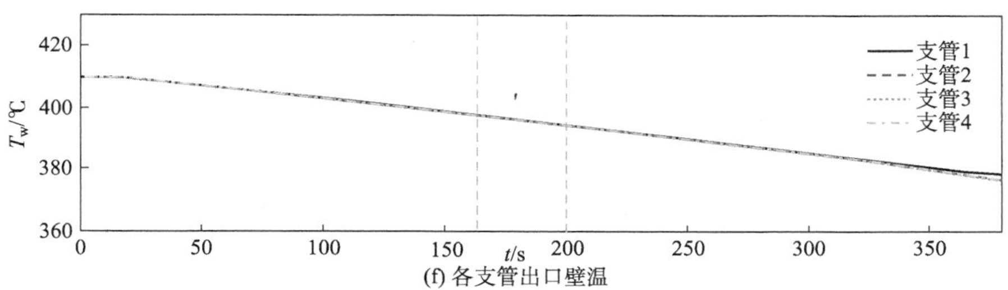

(f) 各支管出口壁温

图 5-12 超临界工况降负荷至亚临界工况过程中，各支管进、出口参数的动态响应特性(续)

5.4 动态变负荷工况下流量分配特性的影响因素分析

本节以阶跃扰动为例，分别就管壁蓄热、进口焓值、进口流量、壁面热流密度等因素对并联管内工质动态流量分配特性的影响规律开展了计算分析。本文在分析动态过程中并联管系统的流量分配特性时，重点对比关注两方面特征：一方面是动态响应过程的快慢和幅度；另一方面是在动态响应过程中各支管的流量分配均匀性的变化(这里也包括出口流体温度、出口壁面温度等关键参数分布的均匀性)。对此，本文分别相应地提出了两个参数来定量对比分析不同工况下并联管内动态流量分配特性的异同，这两个参数的具体定义如下。

首先，考虑到各个支管的参数在动态响应过程中基本同步变化，本文选取支管 1 进、出口参数(包括进、出口流体流量 M、出口流体温度 T、出口壁面温度 T_w)作为计算对象来对比不同工况下参数动态响应过程的快慢和幅度。为了便于在不同工况下进行对比，对计算参数进行无量纲化，以支管流量 M 为例进行说明，在动态过程中流体流量 $M(t)$ 对应的无量纲量 $M^+(t)$ 的计算式如下所示，

$$M^+(t)=M(t)/M(0) \tag{5-1}$$

式中，$M(0)$ 为初始稳态时刻下对应的流量数值。

其次，为了定量分析在动态响应过程中各支管流量分配均匀性的变化规律，定义在时刻 t 下各支管流体参数的相对标准偏差，用 $RSD(t)$ 来表示。$RSD(t)$ 越大，表明该时刻下各支管的参数分布越不均匀。本文将分别计算各支管进口流体流量的相对标准偏差、出口流体流量的相对标准偏差、出口流体温度的相对标准偏差、出口流体壁温的相对标准偏差。以支管进口流量 M 为例，$RSD(t)$ 的计算方法如下所示：

$$RSD(t)=\frac{S(t)}{\overline{M}(t)} \tag{5-2}$$

式中，$\overline{M}(t)$ 表示时刻 t 下各支管参数 $M_i(t)$ 的平均值，如下所示：

$$\overline{M}(t) = \frac{\sum_{i=1}^{N_B} M_i(t)}{N_B} \tag{5-3}$$

式中，$M_i(t)$ 表示时刻 t 下任一支管 i 的计算参数，该参数可以是进口流体流量、出口流体流量、出口流体温度、出口壁面温度等；N_B 为支管数目。

$S(t)$ 表示时刻 t 下各支管所计算参数 $x_i(t)$ 的标准差，如下所示：

$$S(t) = \sqrt{\frac{\sum_{i=1}^{N_B} [M_i(t) - \overline{M}(t)]^2}{N_B - 1}} \tag{5-4}$$

5.4.1 管壁蓄热的影响

通过设置 3 个算例，计算在不考虑支管管壁蓄热(Case-1)和考虑管壁蓄热(Case-2、Case-3)两种情况下，各支管动态流量分配特性的异同。为了便于分析，用 *WT* 表示壁面厚度。在 Case-2 中，壁面厚度 *WT* 为 3mm，在 Case-3 中，壁面厚度 *WT* 为 6mm，壁面厚度越大，壁面蓄热作用越明显。本节 3 个算例的计算条件设置如表 5-1 所示。

表 5-1 计算算例设置(管壁蓄热的影响分析)

	壁面厚度	其他初始条件
Case-1：无蓄热	*WT*=0mm	P=25MPa H_{in}=2000kJ/kg M_{total}=1.6kg·s^{-1} Q=200kW·m^{-2}
Case-2：有蓄热	*WT*=3mm	
Case-3：有蓄热	*WT*=6mm	

图 5-13 给出了在壁面热流密度发生阶跃扰动后，Case-1～Case-3 中支管 1 进、出口流体参数的动态响应过程。其中，图 5-13(a)表示支管 1 进口流体流量对应的无量纲量，图 5-13(b)表示支管 1 出口流体温度对应的无量纲量，图 5-13(c)表示支管 1 出口流体流量对应的无量纲量，图 5-13(d)表示支管 1 出口壁面温度对应的无量纲量，下同。

从图 5-13 中可以发现，相比于不考虑壁面蓄热的工况(Case-1)，当考虑壁面蓄热后(Case-2、Case-3)，支管 1 进、出口流体参数的动态响应速度有所减缓，响应过程有一定延迟，支管进、出口流量的变化幅度有所减弱，而且随着壁面厚度的增加，这种趋势体现得更为明显。

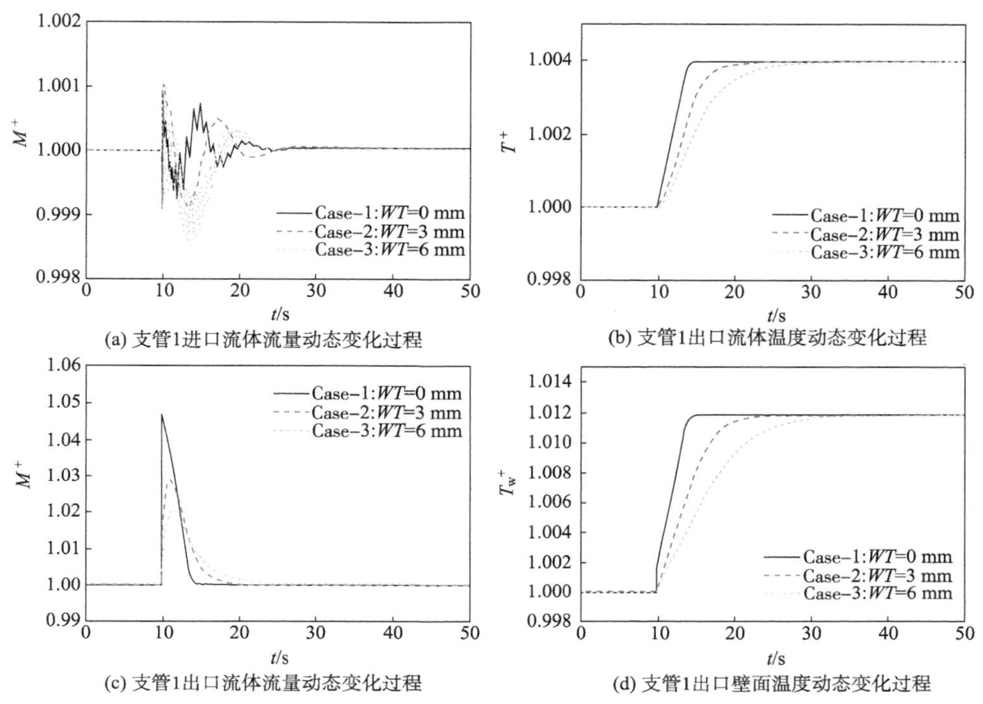

图 5-13 壁面热流密度增加 10%后，Case-1～Case-3 中支管 1 进、出口流体参数的动态变化结果对比

图 5-14 给出了在系统进口流体焓值发生阶跃扰动后，Case-1～Case-3 中各支管进、出口流体参数的相对标准偏差的动态变化结果。其中，图 5-14(a)表示各支管间进口流体流量的相对标准偏差，图 5-14(b)表示各支管间出口流体温度的相对标准偏差，图 5-14(c)表示各支管间出口流体流量的相对标准偏差，图 5-14(d)表示各支管间出口壁面温度的相对标准偏差，下同。

从图 5-14 中可以明显看出，在施加阶跃扰动之后，各支管的进口流体流量、出口流体流量、出口流体温度及出口壁温分布的相对标准偏差并非缓慢的线性变化，而是伴随有振荡过程，其波动往往会出现尖峰，这意味着动态过程中并联各支管间的参数分布(包括流量分配、壁温分布等)极有可能出现急剧恶化，其不均匀程度远大于初始稳态及最终稳态时刻下的不均匀程度，例如，在图 5-14(a)中，各支管进口流体流量的相对标准偏差最大值比初始稳态值增加至 3 倍多。相比于稳态工况，这种动态过程中流量分配特性的急剧恶化极易引发各类危险事故的发生，给相关设备运行带来的安全隐患更为严重，也更难预测，而且传统的稳态计算模型由于模型限制无法对其进行有效分析。此外，通过对比不同

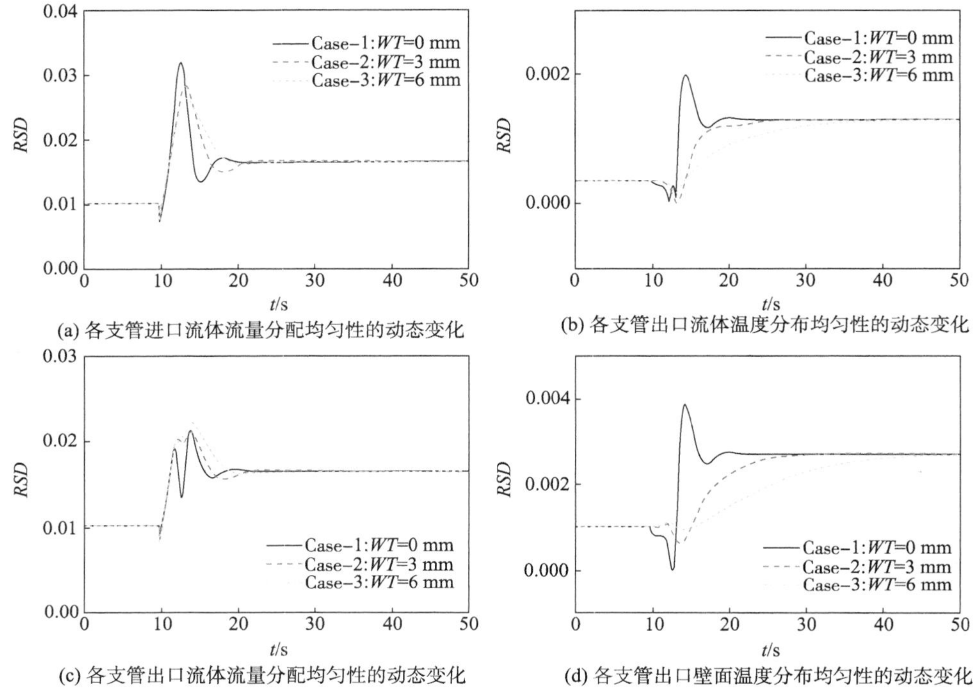

图 5-14　系统进口流体焓值阶跃增加 10%后，Case-1～Case-3 中各支管进、出口流体参数相对标准偏差 *RSD* 的动态变化结果对比

算例下各支管进、出口参数的相对标准偏差可以发现，随着壁面厚度的增加，壁面蓄热作用增强，动态过程中各支管间进、出口参数的相对标准偏差有所降低，这表明壁面蓄热有利于减缓动态过程中可能出现的参数分布急剧恶化现象。

5.4.2　进口流体焓值的影响

通过设置 3 个算例，分别计算在不同进口流体焓值下，各支管动态流量分配特性的异同，算例计算条件设置如表 5-2 所示。其中，在 Case-4 中，系统进口流体焓值为 400kJ/kg，系统内工质物性区域处于拟过冷水区，其工质物性变化与单相过冷水类似；在 Case-2 中，系统进口流体焓值为 2000kJ/kg，系统内工质物性区域处于大比热区，其工质物性变化极为剧烈，与亚临界汽液两相流类似；在 Case-5 中，系统进口流体焓值为 3000kJ/kg，系统内工质物性区域处于拟过热蒸汽区，其工质物性变化与单相过热蒸汽类似。本组算例中各工况对应的工质物性变化区域如图 5-15 所示。

表 5-2　计算算例设置（进口流体焓值的影响分析）

	进口流体焓值	其他初始条件
Case-4：拟过冷水区	$H_{in}=400kJ/kg$	$P=25MPa$ $M_{total}=1.6kg\cdot s^{-1}$ $Q=200kW\cdot m^{-2}$
Case-2：大比热区	$H_{in}=2000kJ/kg$	
Case-5：拟过热蒸汽区	$H_{in}=3000kJ/kg$	

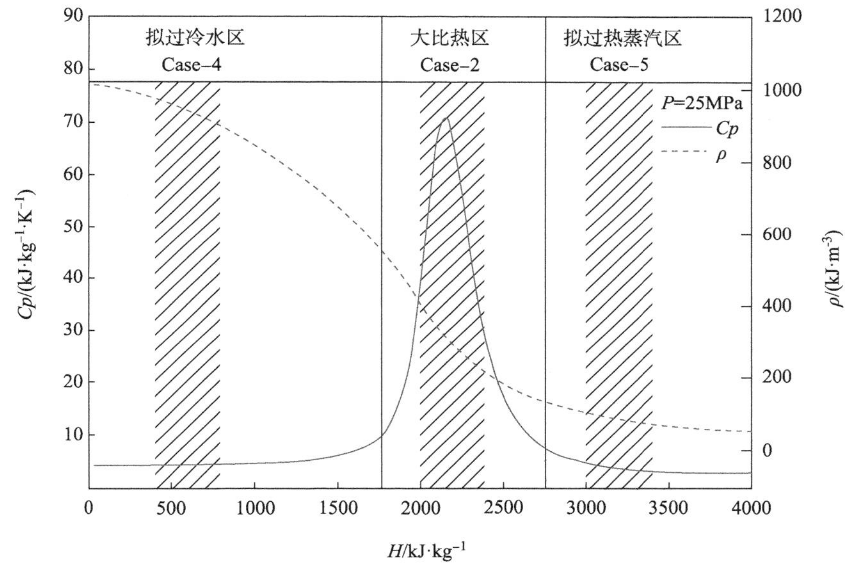

图 5-15　本组算例中各工况对应的工质物性变化区域

图 5-16 与图 5-17 分别给出了在系统进口流体焓值和壁面热流密度发生阶跃扰动后 Case-4、Case-2、Case-5 中支管 1 进、出口流体参数的动态响应过程。

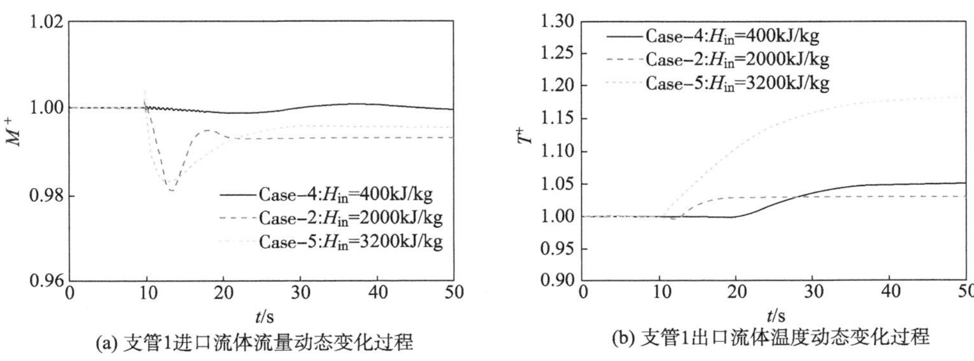

图 5-16　系统进口流体焓值阶跃增加 10%后，Case-4、Case-2、Case-5 中支管 1 进、出口流体参数的动态变化结果对比

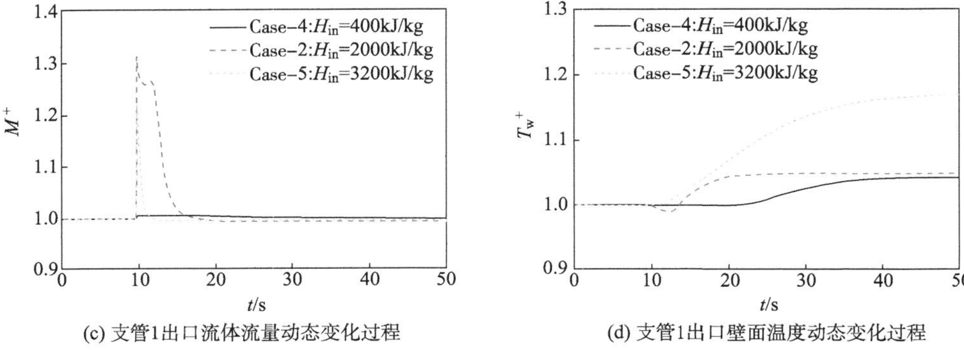

(c) 支管1出口流体流量动态变化过程　(d) 支管1出口壁面温度动态变化过程

图 5-16　系统进口流体焓值阶跃增加 10%后，Case-4、Case-2、Case-5 中支管 1 进、出口流体参数的动态变化结果对比(续)

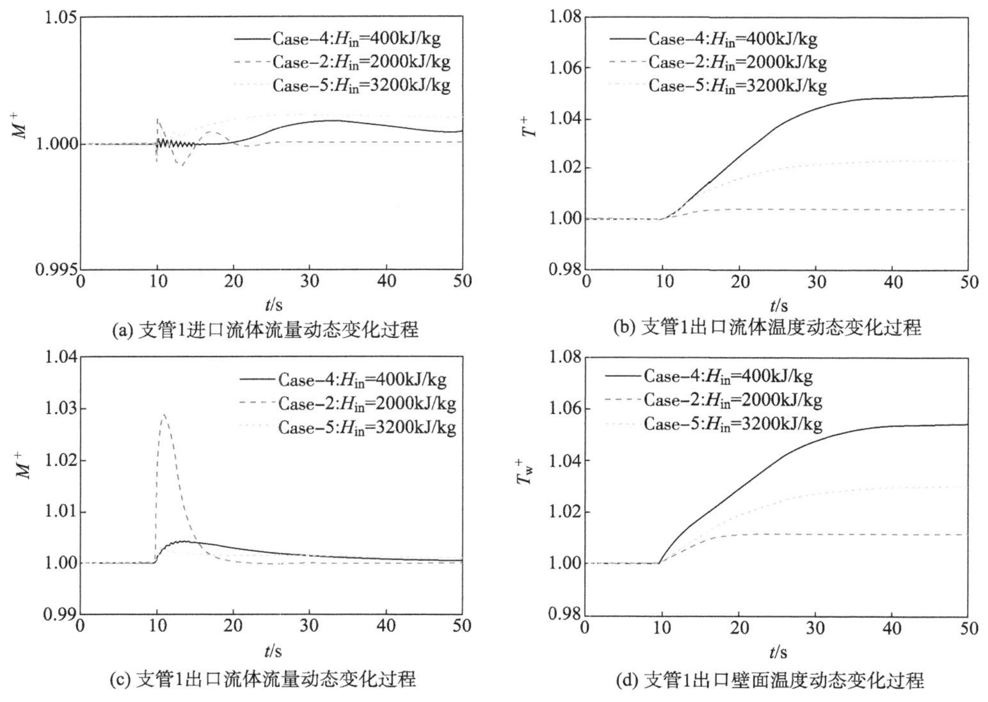

(a) 支管1进口流体流量动态变化过程　(b) 支管1出口流体温度动态变化过程

(c) 支管1出口流体流量动态变化过程　(d) 支管1出口壁面温度动态变化过程

图 5-17　壁面热流密度增加 10%后，Case-4、Case-2、Case-5 中支管 1 进、出口流体参数的动态变化结果对比

分别对比图 5-16 与图 5-17 中 Case-4、Case-2、Case-5 中支管 1 进口流体流量、出口流体流量、出口流体温度及出口壁面温度的动态变化结果可以发现，相比于进口工质处于拟过冷水状态(Case-4)和拟过热蒸汽状态下的计算结果

(Case-5)，当进口工质处于大比热区时(Case-2)，由于工质物性随压力、温度变化极为剧烈(图 5-15)，其进、出口流体流量(尤其是出口流体流量)的动态响应变化最为剧烈，变化幅度最大。此外，由于大比热区内工质的比热明显远高于拟过冷水区和拟过热蒸汽区工质的比热(图 5-15)，导致在 Case-2 工况下工质温度随焓值的变化较小，其出口流体温度及出口壁面温度的变化幅度相对较为微弱。

图 5-18 给出了在系统进口流体焓值发生阶跃扰动后，Case-4、Case-2、Case-5 中各支管进、出口流体参数的相对标准偏差的动态变化结果。

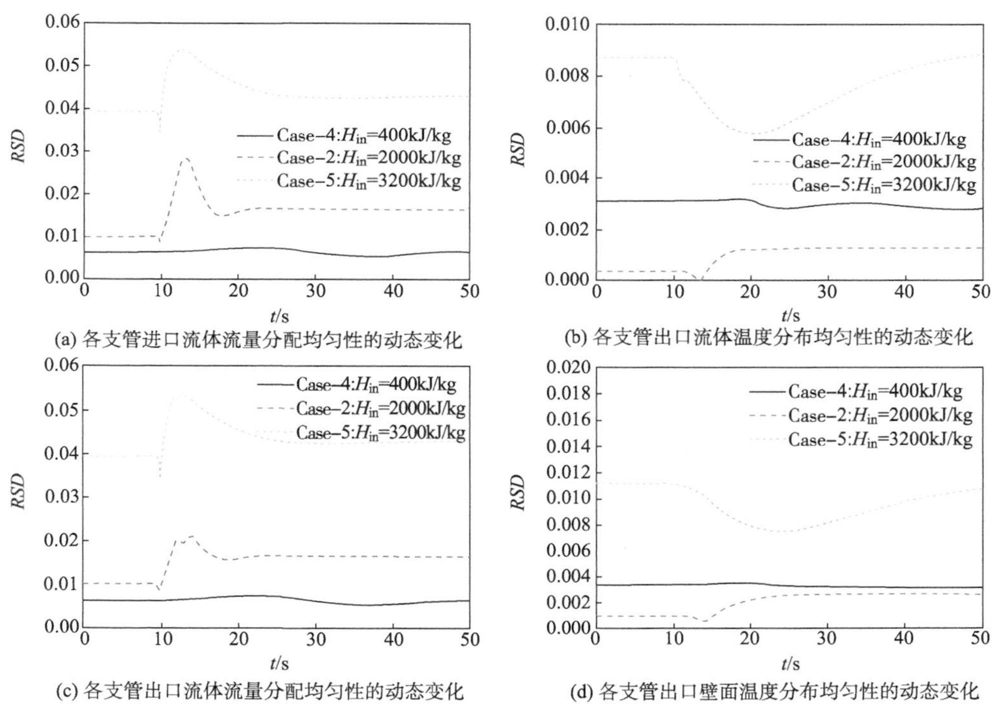

图 5-18　系统进口流体焓值阶跃增加 10%后，Case-4、Case-2、Case-5 中各支管进、出口流体参数相对标准偏差 *RSD* 的动态变化结果对比

对比图 5-18 中 Case-4、Case-2、Case-5 中各支管进、出口流体参数的相对标准偏差的动态变化结果可以发现，随着进口流体焓值的增加，动态响应过程中各支管进、出口流量分配及出口温度分布、出口壁温分布明显更加不均匀。

5.4.3　系统进口流体流量的影响

通过设置 3 个算例，分别计算在不同系统进口流体流量下，各支管动态流量分配特性的异同。在算例设置中，如果仅改变系统进口流体流量而保持壁面热流密度不变，则在不同系统进口流量下，系统内工质的物性变化将会有很大的区别。为了保证在工质物性变化一致的前提下研究系统进口流体流量对各支管动态流量分配特性的影响，本组算例设置中将保持各个算例下壁面热流密度与系统进口流体流量的比值不变，本组算例的计算条件设置如表 5-3 所示。

表 5-3　计算算例设置(进口流体流量的影响分析)

	进口流量	其他初始条件
Case-6	$M_{total}=0.8\text{kg}\cdot\text{s}^{-1}$　$Q=100\text{kW}\cdot\text{m}^{-2}$	$P=25\text{MPa}$ $H_{in}=2000\text{kJ/kg}$
Case-2	$M_{total}=1.6\text{kg}\cdot\text{s}^{-1}$　$Q=200\text{kW}\cdot\text{m}^{-2}$	
Case-7	$M_{total}=2.4\text{kg}\cdot\text{s}^{-1}$　$Q=300\text{kW}\cdot\text{m}^{-2}$	

图 5-19 给出了在壁面热流密度发生阶跃扰动后，Case-6、Case-2、Case-7 中支管 1 的进、出口流体参数的动态响应过程。

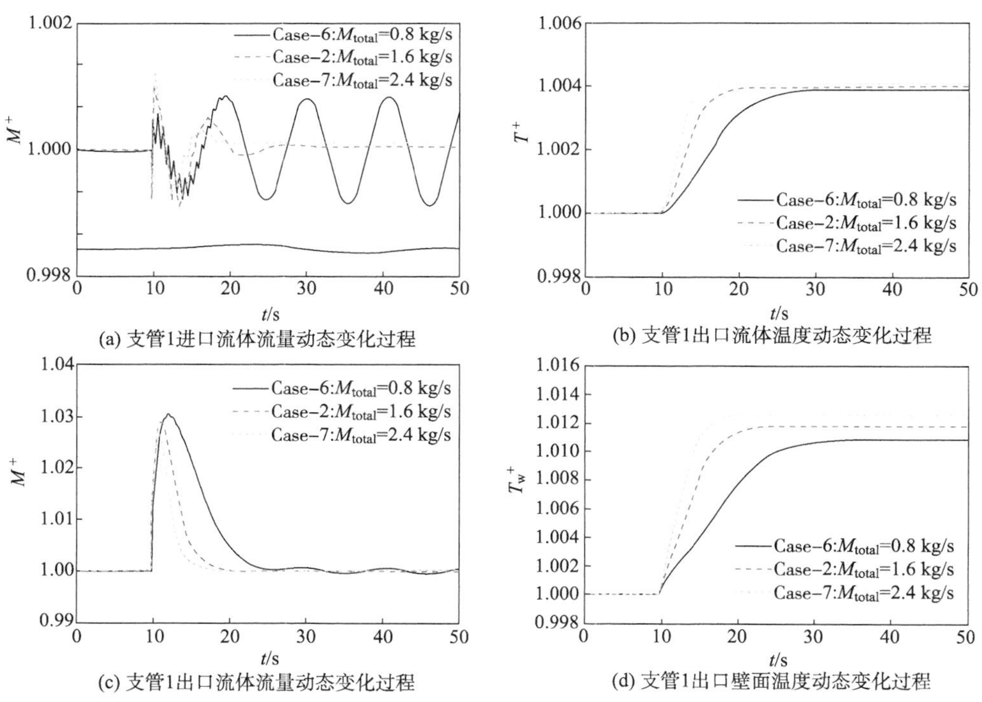

(a) 支管1进口流体流量动态变化过程
(b) 支管1出口流体温度动态变化过程
(c) 支管1出口流体流量动态变化过程
(d) 支管1出口壁面温度动态变化过程

图 5-19　壁面热流密度增加 10%后，Case-6、Case-2、Case-7 中支管 1 进、出口流体参数的动态变化结果对比

分别对比图 5-19 中 Case-6、Case-2、Case-7 对应工况下支管 1 进、出口流体流量、出口流体温度及出口壁面温度的动态变化结果可以发现，虽然各个算例下系统进、出口流体焓值相同，物性变化也基本相同，然而管内参数的动态响应过程却存在较大差别。随着系统进口总流量的增加，工质流速随之增加，各支管进、出口参数在边界条件阶跃变化后的动态响应速度加快，最后达到平稳状态所需的时间逐渐降低。此外，从图 5-19 中可以发现，当系统进口总流量较低(M_{total} =0. 8kg/s)时，支管 1 进、出口流量的动态变化过程明显更为剧烈，甚至发生持续震荡现象[图 5-19(a)]，表明该工况下系统内流动极不稳定。

图 5-20 给出了在壁面热流密度发生阶跃扰动后，Case-6、Case-2、Case-7 中各支管进、出口流体参数的相对标准偏差的动态变化结果。

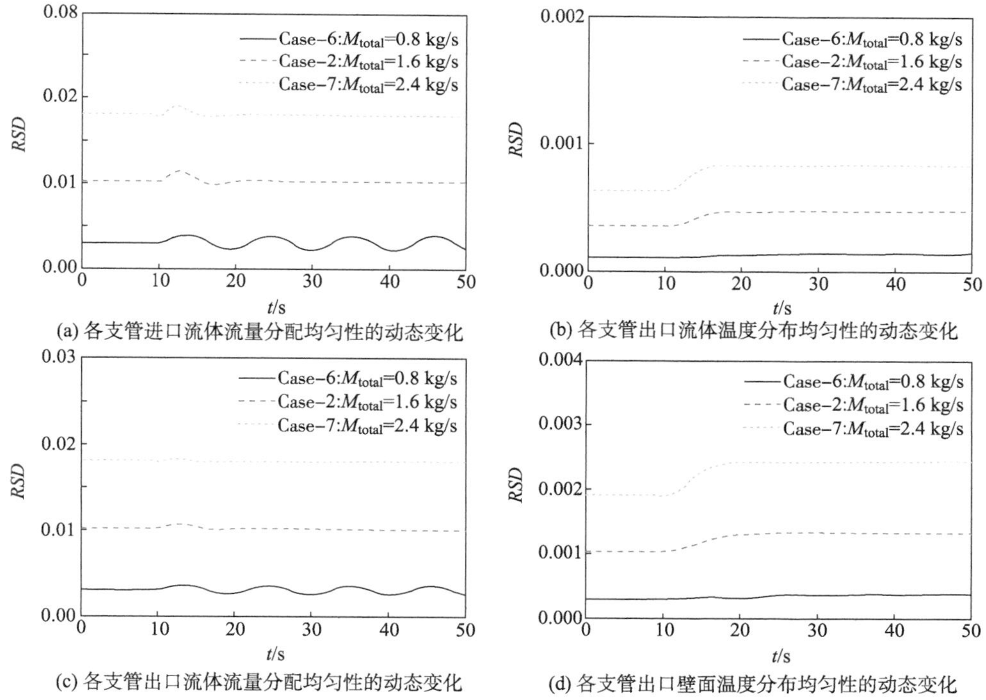

(a) 各支管进口流体流量分配均匀性的动态变化

(b) 各支管出口流体温度分布均匀性的动态变化

(c) 各支管出口流体流量分配均匀性的动态变化

(d) 各支管出口壁面温度分布均匀性的动态变化

图 5-20　壁面热流密度阶跃增加 10%后，Case-6、Case-2、Case-7 中各支管进、出口流体参数相对标准偏差 *RSD* 的动态变化结果对比

分别对比图 5-20 中 Case-6、Case-2、Case-7 对应工况下各支管进、出口流体参数相对标准偏差的动态变化结果可以明显发现，随着系统进口总流量的增加，各支管进、出口流体参数的相对标准偏差逐渐增加，这意味着各支管间的参数分布更加不均匀。例如，在初始稳态时刻，系统进口总流量为 2. 4kg・s^{-1}的工

况下各支管进口流量的相对标准偏差约为系统进口总流量为 0.8kg·s^{-1}的工况下的 6 倍，而且这种差别在整个动态过程中基本保持一致，这主要是因为随着系统进口总流量的增加，集箱内工质沿程流动过程中产生的摩擦阻力及其他不可逆损失有所增加，导致集箱对并联管的流量分配特性的影响更为明显，使得各支管进、出口流体参数分布更加不均匀。

5.4.4 壁面热流密度的影响

通过设置 3 个算例，分别计算在不同壁面热流密度下，各支管动态流量分配特性的异同。本组算例的计算条件设置如表 5-4 所示。

表 5-4 计算算例设置(壁面热流密度的影响分析)

	壁面热负荷	其他初始条件
Case-8：	$Q=100\text{kW}\cdot\text{m}^{-2}$	$P=25\text{MPa}$
Case-2：	$Q=200\text{kW}\cdot\text{m}^{-2}$	$M_{total}=1.6\text{kg}\cdot\text{s}^{-1}$
Case-9：	$Q=400\text{kW}\cdot\text{m}^{-2}$	$H_{in}=2000\text{kJ}\cdot\text{kg}^{-1}$

图 5-21 给出了在系统进口流体焓值发生阶跃扰动后，Case-8、Case-2、Case-9 中支管 1 的进、出口流体参数的动态响应过程。

分别对比图 5-21 中 Case-8、Case-2、Case-9 对应工况下支管 1 进、出口流体流量、出口流体温度及出口壁面温度的动态变化结果可以发现，当壁面热流密度不同时，管内进、出口流体流量的动态响应变化基本一致，而支管出口流体温度及出口壁面温度的动态变化则存在较大区别。随着壁面热流密度的增加，支管出口流体温度及出口壁面温度的动态响应过程更加剧烈，变化幅度逐渐增加。

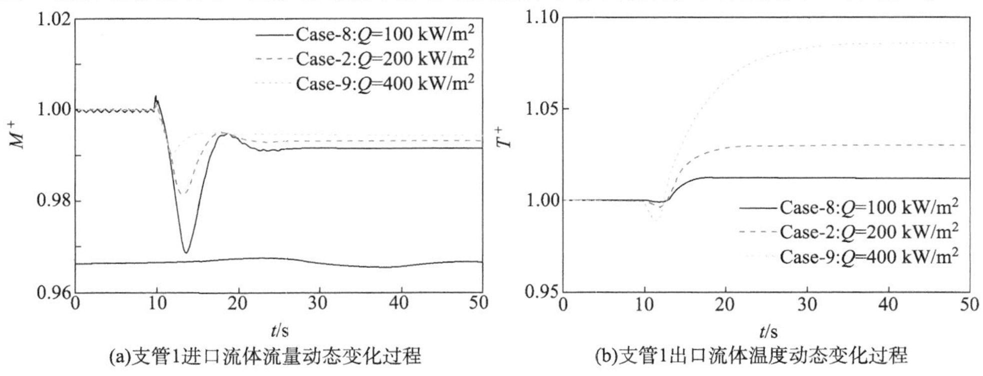

(a)支管1进口流体流量动态变化过程　(b)支管1出口流体温度动态变化过程

图 5-21 系统进口流体焓值阶跃增加 10%后，Case-8、Case-2、Case-9 中支管 1 进、出口流体参数的动态变化结果对比

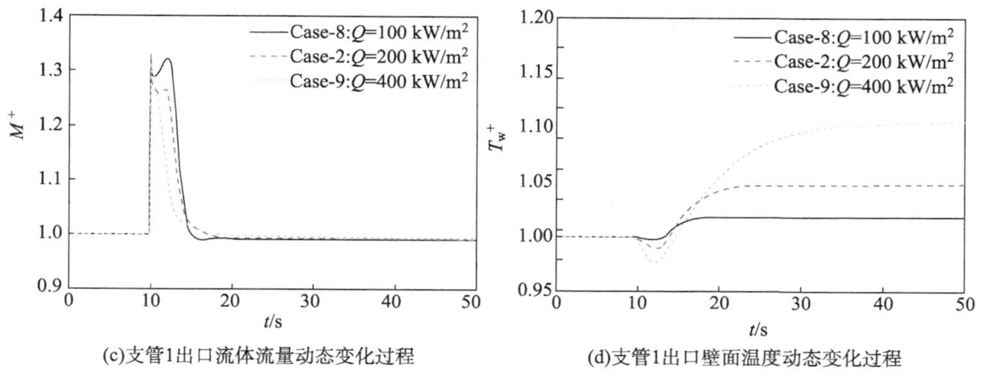

(c)支管1出口流体流量动态变化过程　　(d)支管1出口壁面温度动态变化过程

图 5-21　系统进口流体焓值阶跃增加 10%后，Case-8、Case-2、Case-9 中支管 1 进、出口流体参数的动态变化结果对比(续)

图 5-22 给出了在系统进口流体焓值阶跃扰动后，Case-8、Case-2、Case-9 中各支管的进、出口流体参数的相对标准偏差 *RSD* 的动态变化结果。

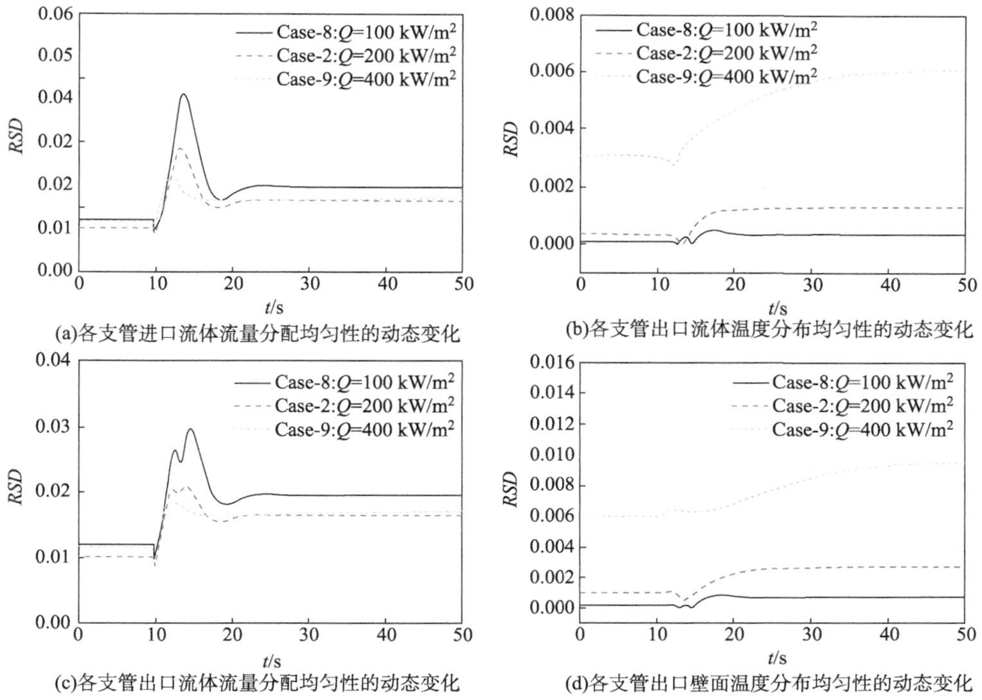

(a)各支管进口流体流量分配均匀性的动态变化　　(b)各支管出口流体温度分布均匀性的动态变化

(c)各支管出口流体流量分配均匀性的动态变化　　(d)各支管出口壁面温度分布均匀性的动态变化

图 5-22　系统进口流体焓值阶跃增加 10%后，Case-8、Case-2、Case-9 中各支管进、出口流体参数相对标准偏差 *RSD* 的动态变化结果对比

分别对比图 5-22 中 Case-8、Case-2、Case-9 对应工况下各支管进、出口流体参数相对标准偏差的动态变化结果可以发现，当壁面热流密度不同时，管内进、出口流体流量的相对标准偏差基本差别较小，但随着壁面热流密度的增加，各支管出口流体温度分布及出口壁面温度分布更加不均匀。

5.5 本章小结

利用本书所建立的数学模型，以超临界锅炉水冷壁的变负荷运行过程为例，系统模拟并分析了不同边界条件发生阶跃扰动后以及逐渐升降负荷过程中，并联各支管内流体流量、干度、壁面温度等参数的动态响应过程，然后重点研究了壁面蓄热、热流密度、进口流体焓值、进口流体流量等因素对动态过程中各支管进、出口参数分布均匀性及参数动态响应特征的影响规律。研究发现，当系统由超临界压力降低至亚临界压力的过程中，并联管的流量分配特性发生极为明显的改变，流量分配不均匀程度明显增加；在阶跃动态响应过程中各支管流量分配往往会出现急剧恶化现象，其不均匀程度可能远高于初始及最终稳态时刻下的不均匀程度，给设备运行带来极大的安全隐患。相比于不考虑壁面蓄热的情况，当考虑壁面蓄热后，各支管进、出口流体参数的动态响应变化速度有所减缓，参数变化幅度有所减弱，而且随着壁面厚度的增加，这种趋势体现得更为明显。随着系统进口总流量的增加，各支管进、出口参数在边界条件阶跃变化后的动态响应速度加快，当系统进口总流量较低时，管内参数的动态变化过程较为剧烈，甚至可能发生持续振荡现象。

6 并联管内流量分配特性的数值模拟研究

本章将利用 CFD 数值模拟方法，重点模拟集箱 T 形三通附近流场的多维分布特征，并通过分析集箱内流动截面上的流体静压、速度分布变化，探究集箱结构参数、工质物性等因素对并联管流量分配的影响规律。

6.1 CFD 模拟方法简介

前文建立了用于分析并联管系统流量分配特性的计算模型，并开展了相关计算分析。然而该模型理论上属于一维模型，存在一定的局限性，无法模拟流体在沿管道流动过程中，尤其是在 T 形三通分流、汇流过程中，流动截面上参数的非均匀分布及其对流量分配特性的影响。例如，在 T 形三通内流体的实际分流、汇流过程中，会产生涡流，图 6-1 给出了流体在分配 T 形三通内的流动过程示意图[57]，涡流区的存在导致流体经过三通后并非处于完全稳定的流动状态，此时流动截面上的两相流速及压力分布并不均匀。在经历一定长度的流动过程(称为‘扰流段’)后，流动充分发展稳定。当下游支管布置在充分发展段内，上游支管的分流过程对下游没有影响；当下游支管布置在扰流段内，下游支管进口处的流动处于未充分发展区。这可能对其分配特性有一定影响。

现有研究大多均针对单个 T 形三通内流体的分配特性进行研究，而且在其研究中三通进口处的流动均为充分发展状态。文献[66，122]对连续布置的两个 T 形三通内两相流体的相分配特性开展了实验研究，发现连续布置的两个 T 形管之间可能会相互影响，其相分配特性比分离开来的单个 T 形管的相分配结果更加复杂，但并没有就相邻支管的间距对相分配特性的影响给出定性及定量的描述。为了更为精确地预测并联多支管内工质的流量分配规律，需要从二维甚至三维角度，来综合分析集箱 T 形三通内流动截面上的流速、压力分布，获得更为全面的信息及相关规律。

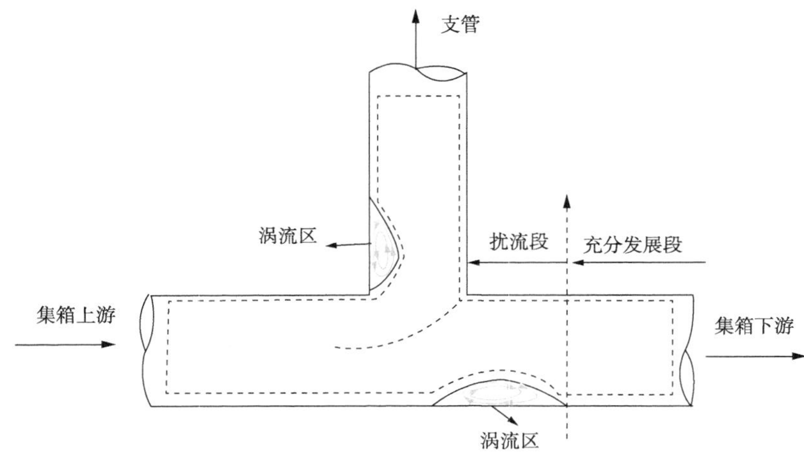

图 6-1　T 形三通内涡流区示意图

随着计算机技术的飞速发展，CFD(计算流体动力学)数值模拟得到了长足的进步，并逐渐成为当前流动与传热相关研究的一种主要手段。CFD 数值模拟的基本思想可以概括为：将在空间域和时间域上发展的物理量的场，分散为一系列的点上所负载的变量值的集合，并通过解决问题的定则和方程将这些离散点上的变量值之间的关系联立起来，最后求解这些方程组来获得空间域和时间域上变量场的近似解。与实验研究相比，数值模拟方法有其独特的优势：一方面数值模拟可操作性强，能对实验研究不能直接进行的许多大型工程项目进行模拟，其他成本远低于实验研究费用；另一方面数值模拟所提供的各种参数信息远比实验研究完整翔实，可以提供很多难以在实验中测量的信息。因此，本章主要采用 CFD-Ansys 数值模拟软件对并联管内的流量分配特性开展数值研究，并与本书前文章节的相关计算结果相互印证、补充。

6.2　T 形三通内三维流场分析

T 形三通是并联管进行流量分配的核心结构，其内的工质压力变化直接决定着并联管内的流量分配特性。本节以分配 T 形三通为例，基于 CFD 数值模拟方法对 T 形三通内工质的流动特性开展研究，主要包括以下三部分：网格划分、数值求解、结果分析。

6.2.1　网格划分

网格生成是计算流体力学数值模拟计算中的重要一环。生成网格的质量决定了后期进行计算的速度和精度。网格的类型可以分为结构化网格和非结构化网格。结构化网格指的是在网格所在区域内全部的内部点都有着相同的毗邻单元。对于复杂的工程问题而言，工程人员生成结构化网格工作量较大，但是计算机生成网格计算量小，能够较好地控制网格生成质量，同时保证边界层网格，计算更容易达到收敛[123]。因此，基于 Ansys Icem 软件，本文采用结构化网格划分方法进行网格划分，主要流程如下：

（1）创建需要保存工作的目录，创建新的工程；

（2）创建几何模型，定义 Part 名称；

（3）创建并划分 Block，建立点与点和线与线的映射关系；

（4）设定节点数目及分布，生成网格；

（5）检查网格质量并优化网格；

（6）输出网格。

基于上述步骤，本章建立了分配 T 形三通的三维几何模型，并采用结构化网格划分方法对其进行网格划分，结果如图 6-2 所示。在图 6-2 中，主管直径为 38mm，支管直径为 19mm，进口段长度为 500mm，支管长度为 500mm，下游段出口长度为 1000mm。出口段长径比为 26.3，确保出口段足够长，下游流动充分发展。

图 6-2　T 形三通结构及网格划分结果示意图

6.2.2　Fluent 求解设置

本文采用 Ansys Fluent 软件来计算 T 形三通内工质的流动过程，Fluent 软件基于 N~S 方程来求解流体力学问题，主要控制方程如下所示：

质量守恒方程：

$$\frac{\partial \rho}{\partial t}+\nabla(\rho\overrightarrow{U})=0 \tag{6-1}$$

动量守恒方程：

$$\frac{\partial(\rho\overrightarrow{U})}{\partial t}+\nabla(\rho\overrightarrow{U}\overrightarrow{U})=-\nabla p+\mu\nabla^2\overrightarrow{U}+\overrightarrow{F}+\rho\overrightarrow{g}+S_a \tag{6-2}$$

能量守恒方程：

$$\frac{\partial(\rho T)}{\partial t}+\nabla(\rho\overrightarrow{U}T)=\frac{\lambda}{c_p}\nabla^2 T \tag{6-3}$$

本节主要求解步骤如下所示：

（1）导入网格 mesh，检查网格质量。

（2）设置湍流模型。

数值模拟软件 Ansys Fluent 有多种湍流模型可供选用，但至今没有哪一种湍流模型可以适用于所有的流动情况，并且不同湍流模型计算使用时间不同，计算精度也有所差异，对网格质量要求不同，而且对计算机的要求也不同等。本节计算中使用的是标准 $\kappa-\varepsilon$ 模型，其模型输运方程具体表达式如下：

①κ 输运方程

$$\frac{\partial(\rho k)}{\partial t}+\frac{\partial(\rho k u_i)}{\partial x_i}=\frac{\partial}{\partial x_j}\left[\left(\mu+\frac{\mu_t}{\sigma_\kappa}\right)\frac{\partial k}{\partial x_j}\right]+G_k+G_b-\rho\varepsilon-Y_M \tag{6-4}$$

$$\mu_t=\rho C_\mu\frac{\kappa}{\varepsilon}\qquad G_k=-\rho\,\overrightarrow{u_i u_j}\frac{\partial u_j}{\partial x_i}$$

$$G_b=-\frac{1}{\rho}\left(\frac{\partial\rho}{\partial T}\right)_p\frac{\mu_t}{\mathrm{Pr}_t}\frac{\partial T}{\partial x_i}Y_M=2\rho\varepsilon M_t^2$$

式中，Pr_t为常数，一般取 0.85；M_t为湍流马赫数。

②ε 输运方程

$$\frac{\partial(\rho\varepsilon)}{\partial t}+\frac{\partial(\rho\varepsilon u_i)}{\partial x_i}=\frac{\partial}{\partial x_j}\left[\left(\mu+\frac{\mu_t}{\sigma_\varepsilon}\right)\frac{\partial\varepsilon}{\partial x_j}\right]+C_{1\varepsilon}\frac{\varepsilon}{\kappa}(G_\kappa+C_{3\varepsilon}G_b)-C_{2\varepsilon}\rho\frac{\varepsilon^2}{\kappa}+S_\varepsilon \tag{6-5}$$

在式(6-4)和式(6-5)中一些常量的取值为：$C_{1\varepsilon}=1.44$，$C_{2\varepsilon}=1.92$，$C_\mu=0.09$，$\sigma_\kappa=1.0$，$\sigma_\varepsilon=1.3$。$C_{3\varepsilon}$决定了 ε 方程中浮力作用的大小，其中 v 是重力方向的速度分量，u 是主流体方向速度分量，于是有：

$$C_{3\varepsilon}=\tanh\left|\frac{v}{u}\right| \tag{6-6}$$

（3）设置工质及边界条件。

工质为常温、常压水，进口边界条件设置为速度进口边界条件，进口流速为 2m/s。支管出口边界条件设置为速度出口边界条件，三通下游出口边界条件设置为压力出口边界条件，壁面边界条件为无滑移边界条件。在设置进、出口边界条件时，需计算湍流强度(Turbulence Intensity)，其计算公式为：

$$TI = 0.16 \cdot Re^{-1/8} \tag{6-7}$$

(4) 设置离散格式及收敛条件。

本文采用二阶迎风格式对控制方程进行离散，采用 Simple 算法求解压力与速度的耦合，并控制连续性方程、动量方程及能量方程的残差在 10^{-5} 以内，确保计算结果收敛。

(5) 初始化流场，设置迭代步数，开始计算。

(6) 计算完成，保存数据。

6.2.3 网格无关性验证

在开展数值计算之前，需对网格数目进行无关性验证。在保证其他条件相同的前提下，对 6 种不同网格数目下对应的模型进行计算。计算中，主管进口流速为 2.0m/s，支管出口流速为 4.0m/s。图 6-3 给出了 T 形三通下游出口截面平均质量流量随网格数目的变化结果，其中网格节点数目分别为 191760、410213、680633、908536 和 1214836。从图 6-3 中可以看出，当网格数目大于 680633 时，随着网格数目的增加，计算结果已经基本趋于不变。因此，在保证计算精度的前提下，考虑到计算效率，本节计算中选定网格数目为 908536。

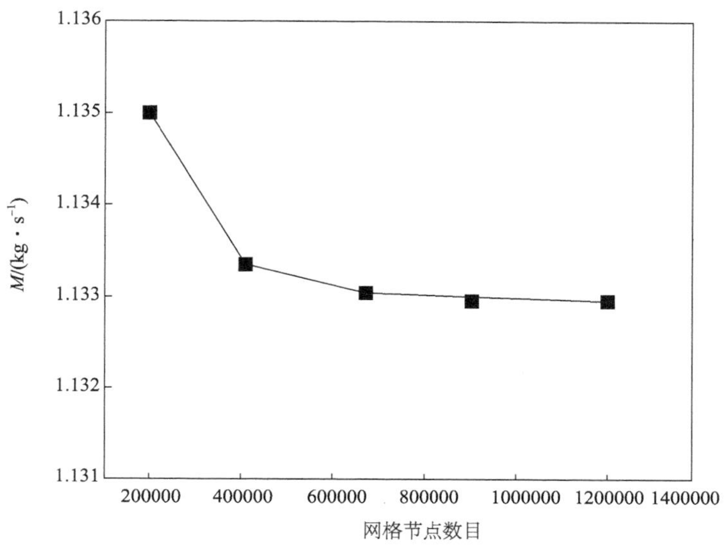

图 6-3 网格无关性验证结果

6.2.4 结果讨论

本节设置5个算例来研究不同进、出口条件下分配T形三通内工质的流动特性，具体算例参数如表6-1所示。

表6-1 算例设置

	主管进口流速	支管出口流速
Case-1：$\lambda=0.1$	$V=2.0$m/s；	$V_o=0.8$m/s；
Case-2：$\lambda=0.25$	$V=2.0$m/s；	$V_o=2.0$m/s；
Case-3：$\lambda=0.5$	$V=2.0$m/s；	$V_o=4.0$m/s；
Case-4：$\lambda=0.75$	$V=2.0$m/s；	$V_o=6.0$m/s；
Case-5：$\lambda=0.9$	$V=2.0$m/s；	$V_o=7.2$m/s；

如表6-1所示，在所有算例下，T形三通进口流速均为2.0m/s，但在不同算例下，支管的流量提取率λ(分入支管的流量与三通进口总流量之比)不同，从算例1到算例5，对应的λ分别为0.1、0.25、0.3、0.75、0.9，对应的支管出口流速分别为0.8m/s、2.0m/s、4.0m/s、6.0m/s、7.2m/s。

首先以Case-1为例，图6-4和图6-5给出了T形三通横截面上水工质的静压场和速度场分布。图6-6给出了T形三通附近横截面上的流线分布图。从图6-4、图6-5及图6-6中可以明显看出，在T形三通附近，流体扰动极为剧烈，工质静压变化及速度变化加剧，而且在支管进口附近出现明显的涡流。

图6-4 T形三通附近工质静压分布

图 6-5　T 形三通附近工质流速分布

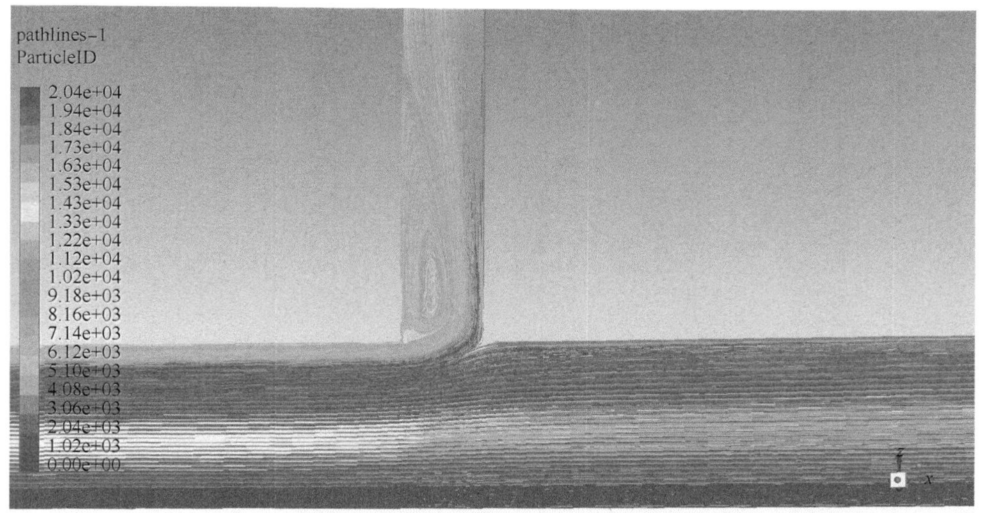

图 6-6　T 形三通附近工质流线分布

为了定量分析 T 形三通内沿程工质的压力及流速变化，提取了截面中心线上的速度值及压力值，图 6-7 和图 6-8 分别给出了 T 形三通内各个流动方向上工质的流速变化及压力变化。在图 6-8 中，三通上游进口参数用下标 I 表示，通往三通下游的三通出口参数用下标 R 表示，通往支管的三通出口参数用下标 B 表示。从三通上游进口到三通下游出口方向的压降为 $\Delta P_{\text{I-R}}$，从三通上游进口到支管出口方向的压降为 $\Delta P_{\text{I-B}}$。从图 6-7 及图 6-8 中可以看出，工质在经过 T 形三通时的流速及压力变化非常剧烈，而且其参数波动并非在三通区域内即刻恢复稳定，而是经历一定的距离之后才逐渐平稳。

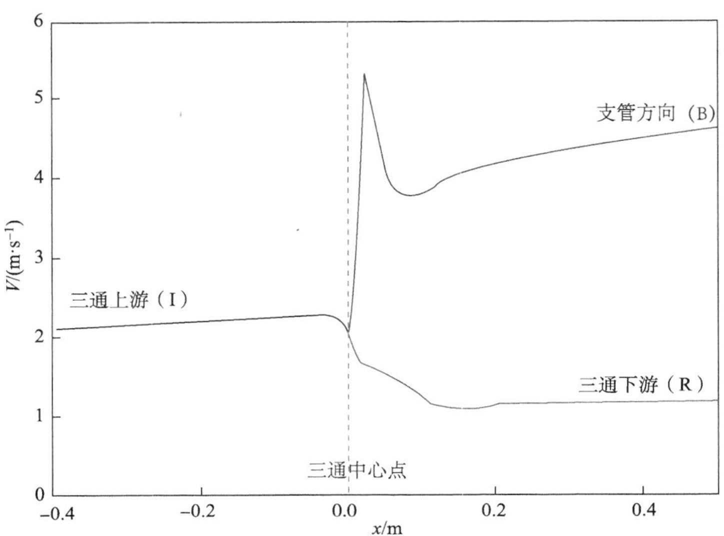

图 6-7　分配 T 形三通进、出口流速变化

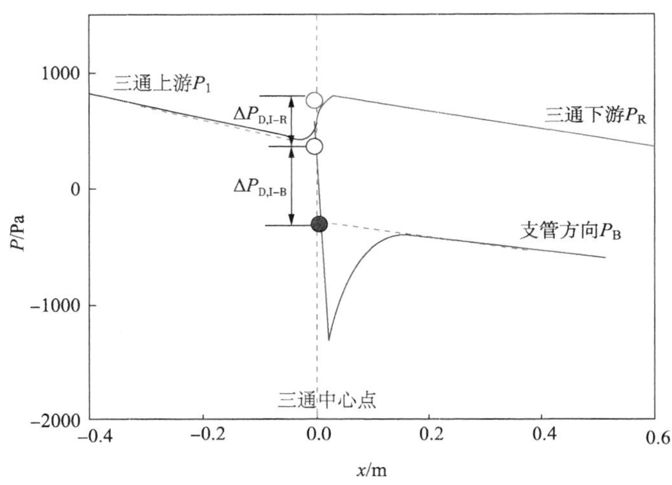

图 6-8　分配 T 形三通进、出口压力变化

研究 T 形三通内工质流动过程的关键是研究其在分流过程中由于流速变化等引起的压降变化特性。现有理论[56,114]认为在沿三通两个流动方向上的压降包括两部分：一部分是由分流/汇流导致的工质流速改变所引起的可逆的静压变化；另一部分压力变化是由黏性耗散作用引起的不可逆压力损失，这是因为工质在分

流、汇流过程中，流速大小和方向被迫急剧发生改变而使工质发生剧烈扰动并产生各种内部涡流，在黏性力的耗散作用下导致工质压头有所损失。首以分配 T 形三通为例，根据伯努利能量守恒方程，从 T 形三通进口截面 *I* 到出口截面 *B/R* 的能量守恒方程可以用下述形式表示。

$$\left(P_{\mathrm{I}}+\frac{\rho_{\mathrm{I}} V_{\mathrm{I}}^{2}}{2}\right)=\left(P_{\mathrm{R/B}}+\frac{\rho_{\mathrm{R/B}} V_{\mathrm{R/B}}^{2}}{2}\right)+\frac{\rho_{\mathrm{R/B}} V_{\mathrm{R/B}}^{2}}{2} \cdot K_{\mathrm{D,I-R/B}} \tag{6-8}$$

式中，方程左侧第 1 项表示 T 形三通进口处的流体总压头；右侧第 1 项表示 T 形三通出口截面 *R/B* 处的流体总压头；右侧第二项表示流体从进口截面 *I* 到出口截面 *R/B* 的过程中的压头损失；$K_{\mathrm{D,I-R/B}}$是分配 T 形三通压降损失系数，与提取率 λ 及三通管径比有关。

对方程进行转换，即可得从分配 T 形三通进口截面 *I* 到出口截面 *R/B* 的工质压降 $\Delta P_{\mathrm{D,I-R/B}}$，如下所示：

$$\Delta P_{\mathrm{D,I-R/B}}=P_{\mathrm{I}}-P_{\mathrm{R/B}}=\left(\frac{\rho_{\mathrm{R/B}} V_{\mathrm{R/B}}^{2}}{2}-\frac{\rho_{\mathrm{I}} V_{\mathrm{I}}^{2}}{2}\right)+\frac{\rho_{\mathrm{R/B}} V_{\mathrm{R/B}}^{2}}{2} \cdot K_{\mathrm{D,I-R/B}} \tag{6-9}$$

此外，针对从分配 T 形三通进口截面 *I* 到三通下游出口截面 *R* 的工质压降 $\Delta P_{\mathrm{D,I-R}}$，还有学者提出一个形式更为简单的模型，其形式如下所示：

$$\Delta P_{\mathrm{D,I-R}}=\left(\rho_{\mathrm{I}} V_{\mathrm{I}}^{2}-\rho_{\mathrm{R}} V_{\mathrm{R}}^{2}\right) \cdot K_{\mathrm{D,I-R}}^{*} \tag{6-10}$$

式中，$K_{\mathrm{D,I-R}}^{*}$表示工质从 T 形三通上游到下游的静压恢复系数。

同样的，对于汇集 T 形三通，从三通上游进口截面 *I* 以及支管方向进口截面 *B* 到三通下游出口截面 *R* 的压力变化计算方程如下所示：

$$\Delta P_{\mathrm{C,I/B-R}}=P_{\mathrm{I/B}}-P_{\mathrm{R}}=\left(\frac{\rho_{\mathrm{R}} V_{\mathrm{R}}^{2}}{2}-\frac{\rho_{\mathrm{I/B}} V_{\mathrm{I/B}}^{2}}{2}\right)+\frac{\rho_{\mathrm{R}} V_{\mathrm{R}}^{2}}{2} \cdot K_{\mathrm{C,I/B-R}} \tag{6-11}$$

式(6-11)中，$K_{\mathrm{C,I/B-R}}$是汇集 T 形三通压降损失系数，其计算方法与分配 T 形三通压降损失系数相似。

上述模型主要针对单相流体，当用于两相流体时需要添加修正项。在上述计算模型中，压降损失系数(及静压恢复系数等)是关键参数，该参数表征了工质在流动方向上产生的不可逆损失，如何精确计算压降损失系数决定着整个理论模型的计算精度。现有学者主要通过实验数据拟合得到的经验关联式来计算压降损失系数的数值，但是几乎目前所有的经验关联式均是基于水工质实验数据获得，而且这些关联式也并未考虑工质物性的变化对 T 形三通内分流及汇流过程带来的影响，因此，这些关联式能否适用于预测其他工质在 T 形三通内的压降变化特性尚待验证。

本小节首先以水为工质，模拟 Case-1～Case-5 中 T 形三通内工质的流场分布，通过提取静压场及速度场数据，获得不同进、出口条件下 T 形三通内工质的进、出口压降 $\Delta P_{D,I-R/B}$，并基于下式计算不同工况下分配 T 形三通内工质的压降损失系数随提取率 λ 的变化结果。

$$K_{D,I-R/B}=\frac{\Delta P_{D,I-R/B}-\left(\frac{\rho_{R/B}V_{R/B}^2}{2}-\frac{\rho_1 V_1^2}{2}\right)}{\frac{\rho_{R/B}V_{R/B}^2}{2}} \tag{6-12}$$

本节分别以常见的几类工质(水、空气、熔盐)为例，分析工质物性的不同对 T 形三通内工质压降变化特性的影响规律，研究工质的主要物性参数如表 6-2 所示。

表 6-2　几类研究工质的物性参数

	密度/(kg/m³)	动力黏度/[kg/(m·s)]
水	998.2	0.001003
空气	1.225	1.7894e-05
熔盐	1899	0.00326

图 6-9～图 6-11 分别给出了不同工质的压降损失系数 $K_{D,I-R}$、$K_{D,I-R}^*$、$K_{D,I-B}$随提取率变化的对比结果。

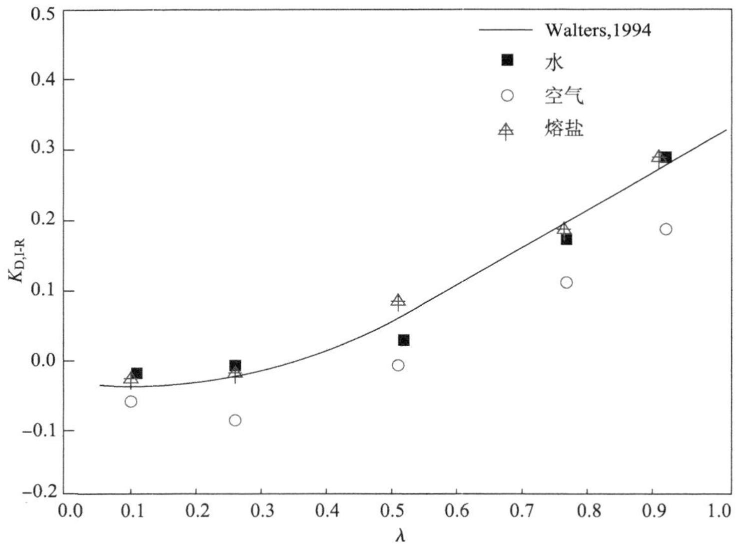

图 6-9　分配 T 形三通内不同工质的压降损失系数 $K_{D,I-R}$的对比结果

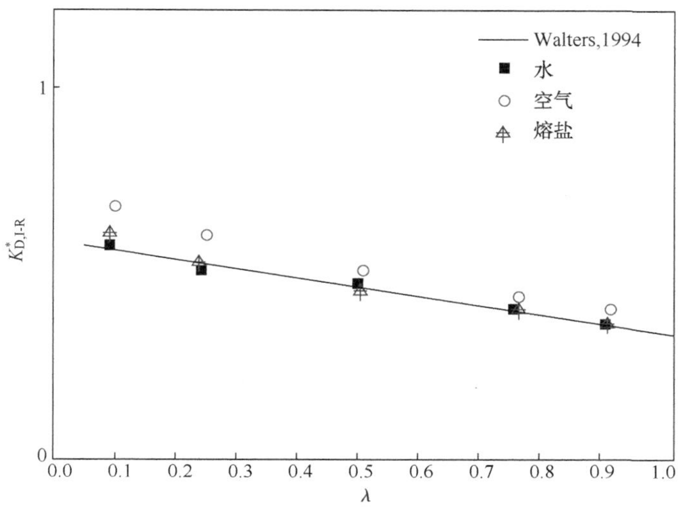

图 6-10 分配 T 形三通内不同工质的压降损失系数 $K^*_{D,I-R}$ 的对比结果

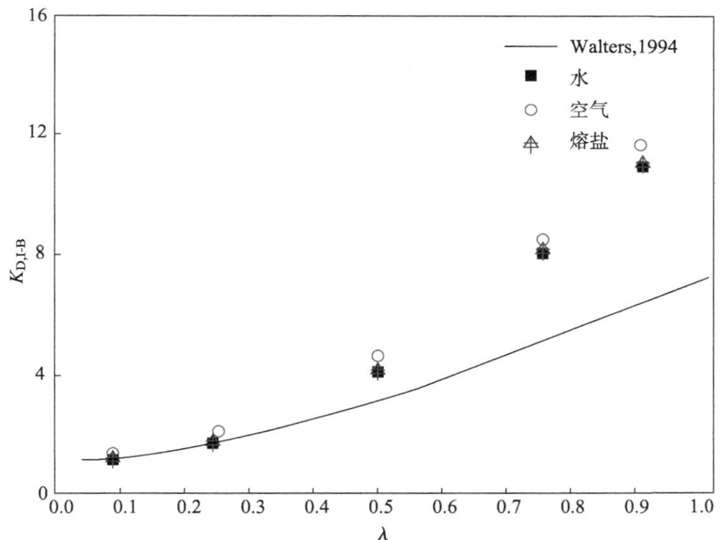

图 6-11 分配 T 形三通内不同工质的压降损失系数 $K_{D,I-B}$ 的对比结果

在图 6-9~图 6-11 中，各个不同形状的点代表本文模型对 T 形三通内不同工质压降损失系数的计算结果，线为 Walters 基于水工质实验数据拟合得到的压降损失系数的计算关联式[64]，其计算表达式分别如下。

$$K_{D,I-R}=-0.034-0.201\lambda+0.925\lambda^2-0.362\lambda^3 \tag{6-13}$$

$$K^*_{D,I-R}=0.592-0.267\lambda+0.014\lambda^2 \tag{6-14}$$

$$K_{D,I-B}=1.032+0.063\lambda+10.003\lambda^2-3.593\lambda^3 \tag{6-15}$$

首先，通过对比图中关于水工质压降损失系数的本文数值模拟结果与Walters的实验关联式的预测结果，可以发现两者吻合较好，T形三通进、出口水工质压降损失系数随提取率的整体变化趋势完全一致，随着提取率的增加，压降损失系数 $K_{D,I-R}$ 开始略有降低后逐渐上升，压降损失系数 $K_{D,I-R}^*$ 逐渐降低，而压降损失系数 $K_{D,I-B}$ 则呈现逐渐上升的变化趋势，这证明了本文数值模拟结果的可靠性。此外，发现相同工况下T形三通内不同工质(水、空气、熔盐)的进、出口压降损失系数之间有明显差异，尤其是空气和水的进、出口压降损失系数之间存在明显偏差，例如，所有工况下空气和水的压降损失系数 $K_{D,I-R}$ 的平均相对偏差达到186%，最大相对偏差甚至达到550%。由此可以看出，工质物性势必对T形三通内工质的压力变化特性有着至关重要的影响。

本节进一步研究了密度、黏度等工质物性参数对T形三通内压力变化特性的影响规律。首先，本文分别将水工质的黏度增加或减小10倍，计算其在T形三通内的压降损失系数，并与原有水工质的压降损失系数计算结果进行对比，结果分别如图6-12~图6-14所示。从图6-12~图6-14中可以明显看出，黏度对T形三通内工质的压降变化有明显影响，将水工质黏度减小10倍时，T形三通内水的压降损失系数的变化较为微弱，而将水工质黏度增加10倍时，T形三通内水的压降损失系数有明显改变，其中，从三通上游到三通下游出口方向的压降损失系数 $K_{D,I-R}$ 逐渐降低，从三通上游到三通下游出口方向的静压恢复系数 $K_{D,I-R}^*$ 有所上升，从三通上游到支管出口方向的压降损失系数 $K_{D,I-B}$ 变化较为微弱。

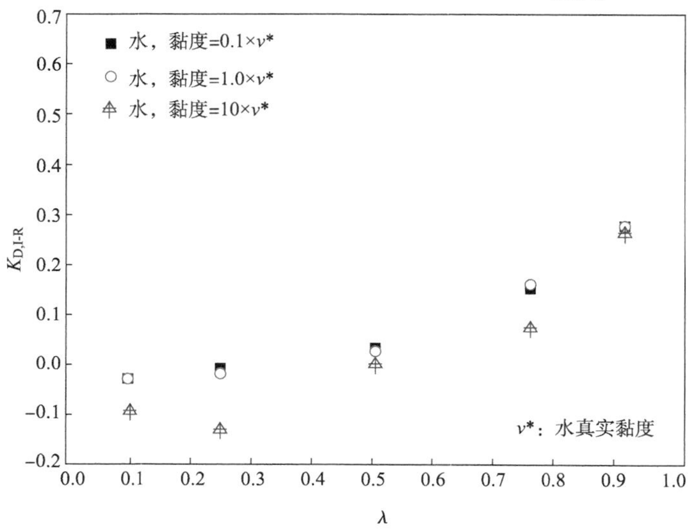

图6-12　分配T形三通内不同黏度下水工质的压降损失系数 $K_{D,I-R}$ 的对比结果

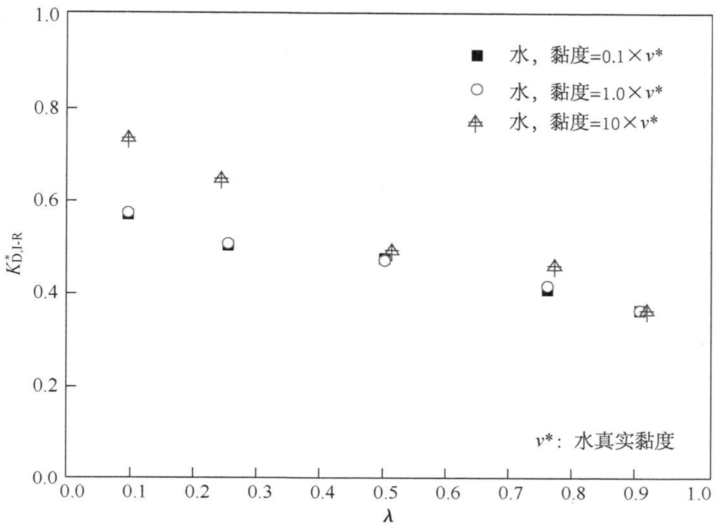

图 6-13　分配 T 形三通内不同黏度下水工质的压降损失系数 $K^*_{D,I-R}$ 的对比结果

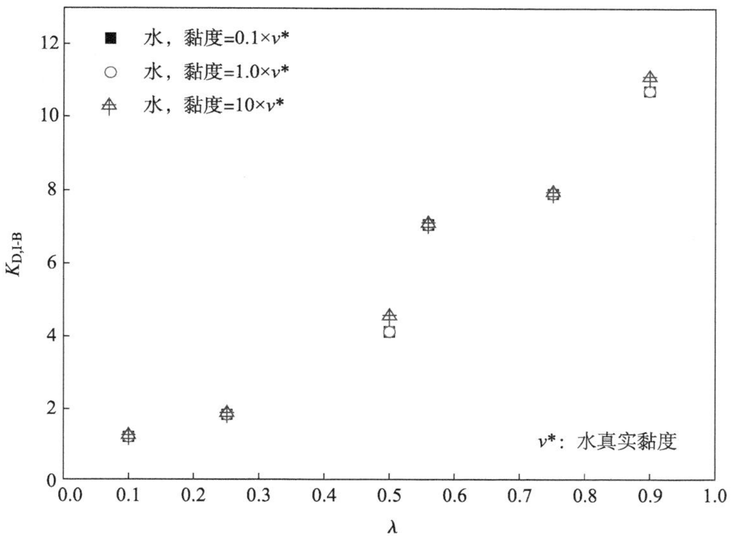

图 6-14　分配 T 形三通内不同黏度下水工质的压降损失系数 $K_{D,I-B}$ 的对比结果

同样的，本文分别将水工质的密度减小 10 倍或减小 100 倍，计算其在 T 形三通内的压降损失系数，并与原有水工质的压降损失系数计算结果进行对比，结果分别如图 6-15～图 6-17 所示。在图 6-15～图 6-17 中可以明显看出，密度对 T 形三通内工质的压降变化同样有明显影响，随着水工质密度的增加，从三通上游

到三通下游出口方向的压降损失系数 K_{I-R} 逐渐上升，从三通上游到三通下游出口方向的静压恢复系数 K_D^*，$_{I-R}$ 则逐渐降低，从三通上游到支管出口方向的压降损失系数 K_{I-B} 有所降低，但变化较为微弱。

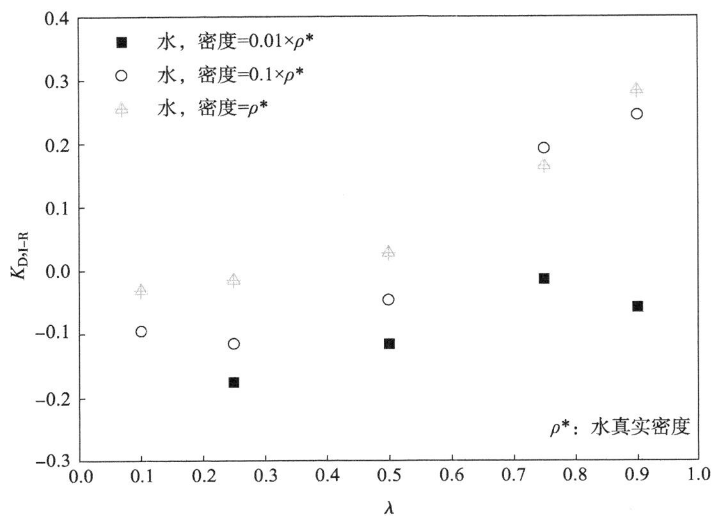

图 6-15　分配 T 形三通内不同密度下水工质的压降损失系数 K_D，$_{I-R}$ 的对比结果

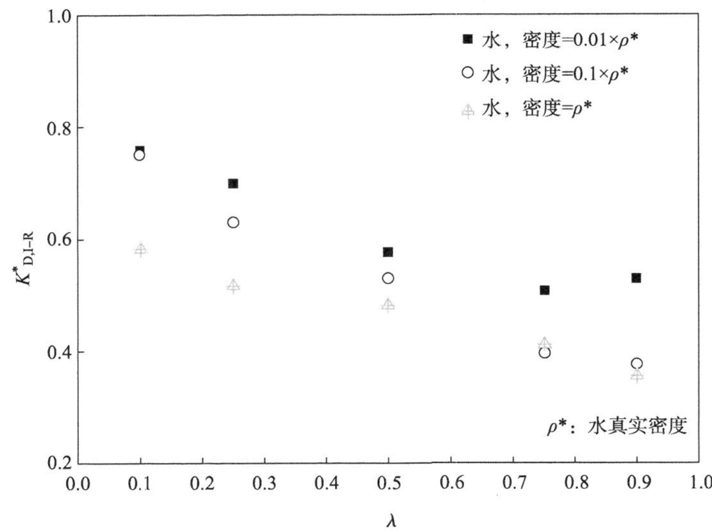

图 6-16　分配 T 形三通内不同密度下水工质的压降损失系数 K_D^*，$_{I-R}$ 的对比结果

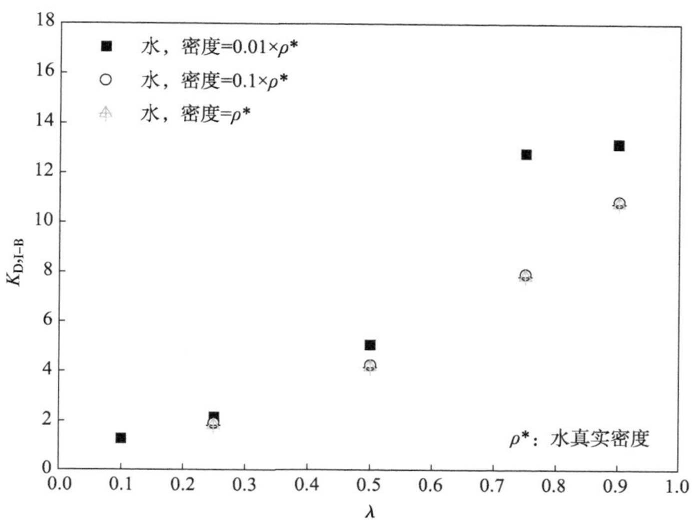

图 6-17　分配 T 形三通内不同密度下水工质的压降损失系数 $K_{D,I-B}$ 的对比结果

从上述计算结果及分析可以发现，工质在 T 形三通内的压降变化与工质物性密切相关。然而，目前几乎所有关于压降损失系数的计算关联式均基于工质水的实验数据获得，这些关联式并未考虑工质物性的影响，因此在预测熔盐、空气等其他类型工质的压降变化时会产生较大的计算误差，有必要针对不同工质在 T 形三通内的压降变化特性开展深入的实验研究，掌握工质物性对 T 形三通内压降变化特性的影响机理，建立更为通用的 T 形三通进、出口压降变化特性计算关联式。

6.3　并联管内流量分配特性的二维数值研究

本小节以整个并联管系统为研究对象，研究集箱内流动截面上的静压分布及各支管的流量分配特性。由于并联管结构较为复杂，本文在反映基本科学问题的基础上，考虑到数值计算效率，本节研究中将并联管系统简化为图 6-18 所示的二维几何结构(以 4 根支管为例)。在图 6-18 中，工质从水平方向布置的分配集箱流入，然后进入垂直上升的并联受热管，最后汇入汇集集箱后流出。

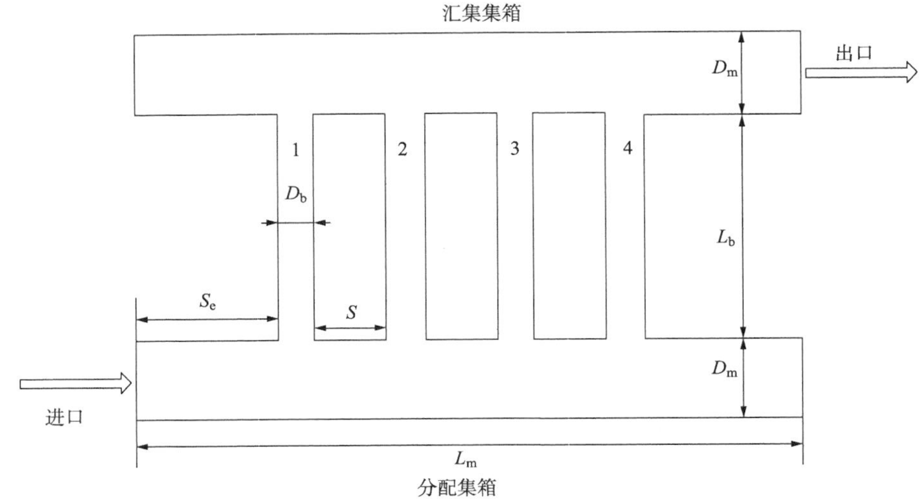

图 6-18　并联管系统二维简化结构示意图

6.3.1　网格划分及 Fluent 求解设置

基于 Ansys-Icem 软件采用结构化网格划分方法进行网格划分，图 6-19 给出了本节研究中一个算例下的网格划分结果及对应的网格质量。

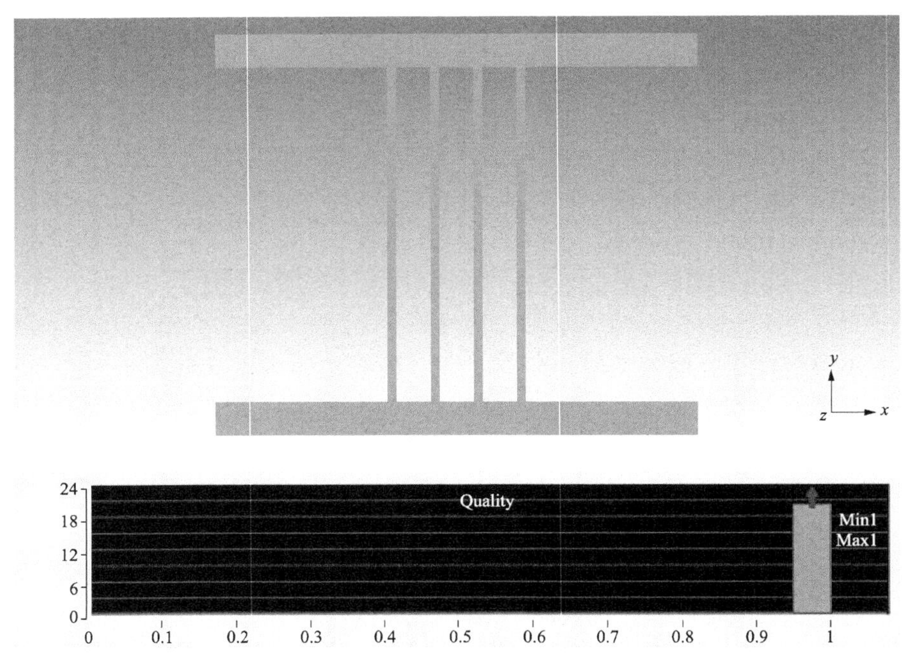

图 6-19　网格划分结果

基于 Ansys-Fluent 软件开展计算，进口边界条件设置为速度进口，出口边界条件设置为压力出口，壁面边界条件为无滑移边界条件，工质为常温、常压水。采用 $\kappa-\varepsilon$ 湍流模型进行计算。

6.3.2 模型验证

为了验证本文二维 CFD 建模的可靠性，基于已有文献中的实验数据对其进行验证。Wang 和 Yu[42]通过开展实验，研究了单相过冷水在并联管系统(支管数目为 10)内的流量分配特性及集箱内工质的静压分布规律。表 6-3 给出了该实验系统的结构参数和工况条件，该实验结果的相对测量误差不超过 9%[42]。

表 6-3 实验参数

实验参数	取值	实验参数	取值
结构形式	U 形	支管间距/mm	30
集箱布置	水平	流动参数	
支管布置	水平	进口质量流量/(kg/s)	0. 106
分配集箱直径/mm	13	进口体积流量/(l/min)	6. 4
汇集集箱直径/mm	13	进口流速/(m/s)	0. 8
支管直径/mm	6. 5	热负荷条件	绝热
支管数目	10	流体	单相水
支管长度/m	1. 12		

根据表 6-3 中所示关于验证算例中的几何结构，采用 CFD 方法建立相应的数值模型并开展计算，图 6-20 给出了并联管沿程流体静压分布的计算结果。

图 6-21 给出了本文 CFD 模型对分配集箱和汇集集箱中流体静压分布的计算结果和对应实验数据[42]的对比。其中，集箱内各位置处流体的静压采用欧拉数来表示，欧拉数的计算公式如下所示：

$$Eu=\frac{P-P_{\mathrm{ref}}}{\rho V_{\mathrm{in}}^{2}} \tag{6-16}$$

式中，V_{in}是系统进口处的流体速度；P_{ref}是参考压力，对于分配集箱，P_{ref}是进口压力，对于汇集集箱，P_{ref}是出口压力。

在图 6-21 中，横坐标 $z^{+}(z^{+}=z/L_{\mathrm{m}})$ 表示沿集箱流动方向上各个测点的相对位置。由图 6-21 可以看出，本文模型的计算结果与实验数据吻合良好，而且本文对所有测点处流体静压的数值模拟结果与实验数据间的平均相对误差小于 8.5%，这表明本文采用的二维数值模拟方法可以用来研究并联管内工质的静压变化及流量分配规律。

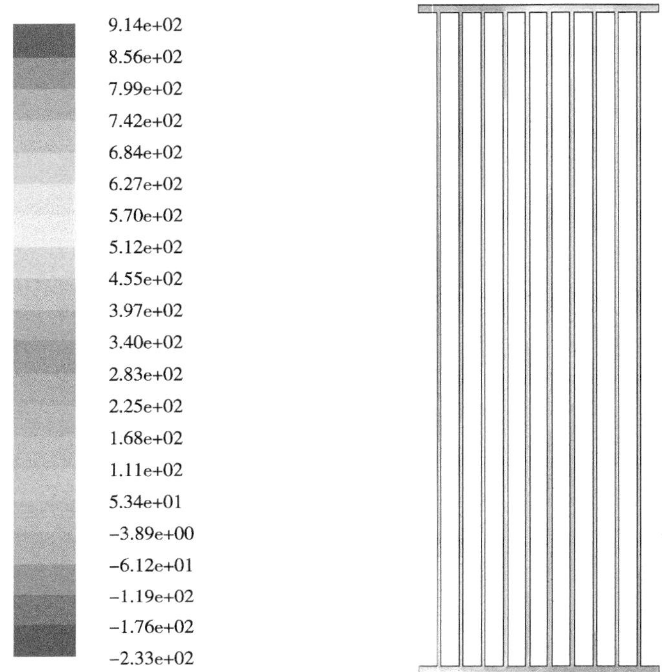

图 6-20　验证算例中本文 CFD 模型对并联管内静压场分布的计算结果

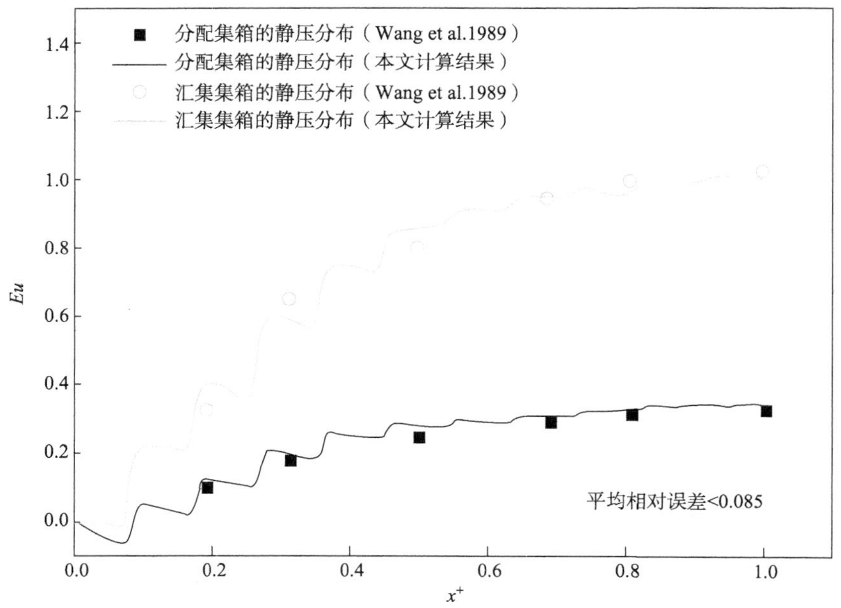

图 6-21　本文模型对集箱内静压分布的计算结果与实验数据的对比

6.3.3 不同支管间距下集箱静压变化及流量分配特性分析

本节采用常温、常压水为工质，对图 6-18 所示并联管内流体的流量分配及静压分布规律进行数值模拟，重点分析不同支管间距下沿分配集箱及汇集集箱流动过程中截面上的工质压力和速度分布。根据支管间距的不同，共设置 6 个算例，具体参数如表 6-4 所示。计算中其他结构参数及工况参数保持相同，支管长度 $L_b=1.0$m，支管内径 $D_b=0.025$m，并联管垂直上升布置。

表 6-4 本节计算算例设置

算例	进口流速/(m/s)	集箱直径/m	支管间距/m
Case-1	2.0	0.1	0.005
Case-2	2.0	0.1	0.01
Case-3	2.0	0.1	0.1
Case-4	2.0	0.1	0.3
Case-5	2.0	0.1	0.5
Case-6	2.0	0.1	1.0

首先以 Case-3 为例，图 6-22 和图 6-23 分别给出了并联管内压力场与速度场的模拟结果，从图 6-22 及图 6-23 中可以明显看出：沿分配集箱流动方向上，工质的流速由于分流作用逐渐减小，工质压力有所上升；沿汇集集箱流动方向上，工质的流速由于汇流作用逐渐增加，工质压力有所降低。同时可以看到，各支管的流速值有明显区别。取支管长度一半位置处的截面平均流速作为该支管的稳定流速，从支管 1 到支管 4，支管流速逐渐上升，对应的流速值分别为 1.38m/s、1.79m/s、2.23m/s、2.73m/s。

为了定量分析集箱沿程截面上工质流速及静压分布的变化趋势，本文分别在分配集箱、汇集集箱内流动截面上设置 7 个监测截面(线)，如图 6-24 所示，即截面 h-1～h-14，各个截面位置定义如表 6-5 所示。除此之外，定义各支管中间位置处对应的截面(即截面 m-1)上的平均流速作为该支管的工质流速。

图 6-25 和图 6-26 分别给出了 Case-3 中，分配集箱内沿程流动截面上工质速度分布及静压分布的计算结果。

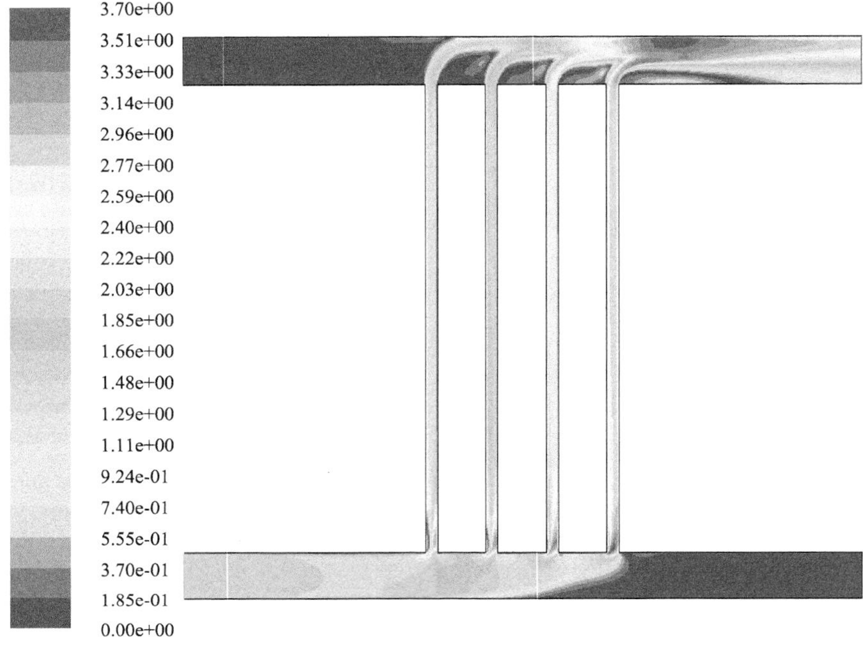

图 6-22　Case-3 中并联管内工质速度场分布的计算结果

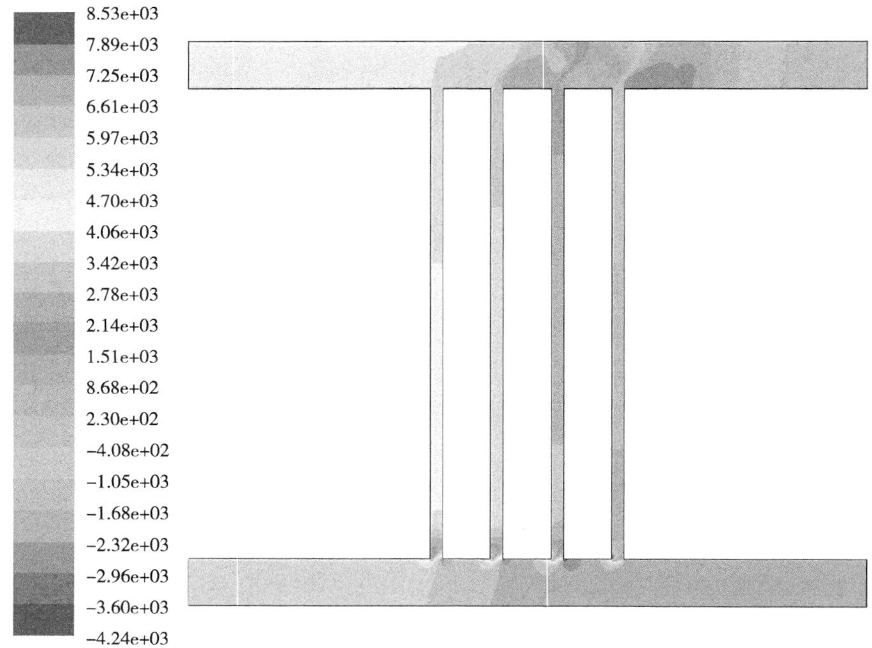

图 6-23　Case-3 中并联管内工质压力场分布的计算结果

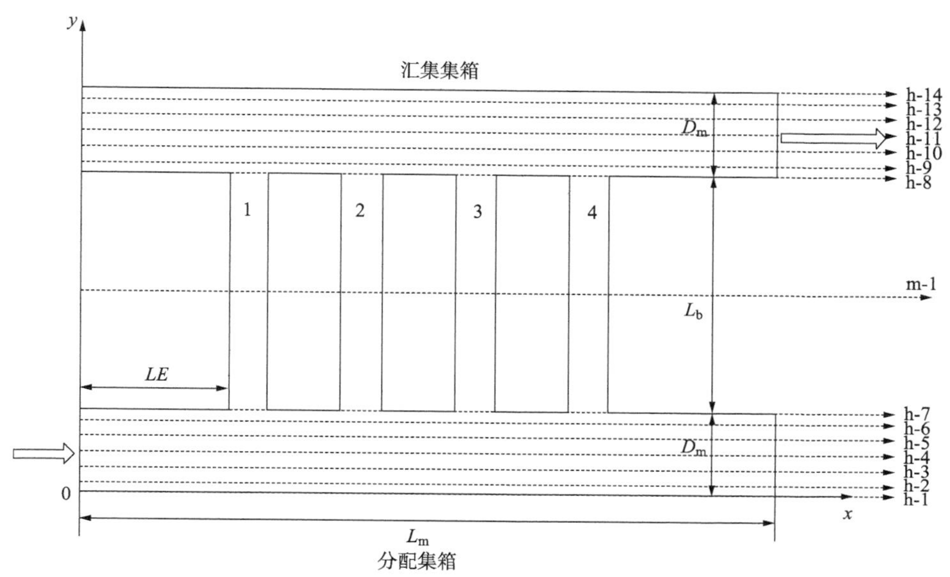

图 6-24 并联管二维几何模型及监测截面的位置布置

表 6-5 流动截面上监测线的位置定义

分配集箱：x～(0，L_m)，$x^+=x/L_m$	汇集集箱：x～(0，L_m)，$x^+=x/L_m$
截面 h-1：$y=0.01\times D_m$	截面 h-8：$y=D_m+L_b+0.01\times D_m$
截面 h-2：$y=0.1\times D_m$	截面 h-9：$y=D_m+L_b+0.1\times D_m$
截面 h-3：$y=0.3\times D_m$	截面 h-10：$y=D_m+L_b+0.3\times D_m$
截面 h-4：$y=0.5\times D_m$	截面 h-11：$y=D_m+L_b+0.5\times D_m$
截面 h-5：$y=0.7\times D_m$	截面 h-12：$y=D_m+L_b+0.7\times D_m$
截面 h-6：$y=0.9\times D_m$	截面 h-13：$y=D_m+L_b+0.9\times D_m$
截面 h-7：$y=0.99\times D_m$	截面 h-14：$y=D_m+L_b+0.99\times D_m$

在图 6-25 及图 6-26 中，横坐标 x^+ 表示沿集箱流动方向各个计算点的相对位置，虚线则显示了各个支管分支对应的位置。从图 6-25、图 6-26 中可以看出，由于分流作用，沿着分配集箱内流体流动方向，工质流速呈现逐渐减小的趋势，流体静压则呈现逐渐升高的趋势。图 6-27 进一步给出了支管 1 附近处工质静压分布的局部放大图。从图 6-27 中可以看出，在分配 T 形三通附近区域，各个截面上的静压值差别较大，尤其对于靠近集箱上壁面处的截面 6 和截面 7，其静压值呈现瞬间降低后又急剧回升的变化趋势，这是因为该截面距离支管进口位置最近，此处由流动方向改变引发的扰动最为剧烈，受涡流区的影响，流体静压波动最为剧烈。

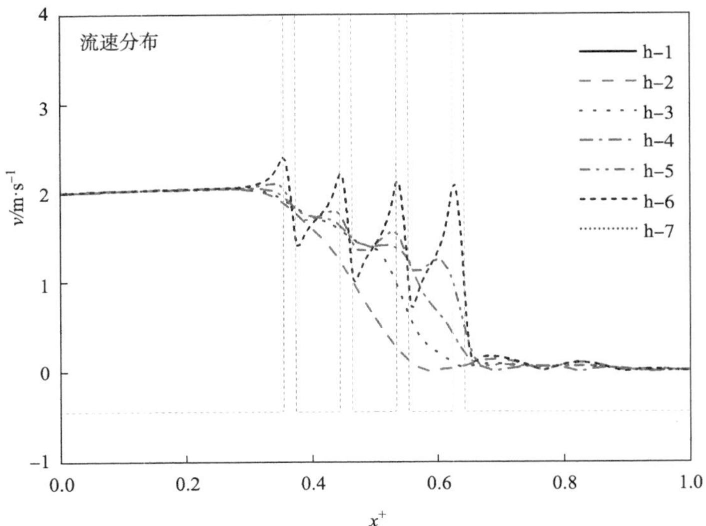

图 6-25　分配集箱内沿程流动截面上工质速度分布的计算结果

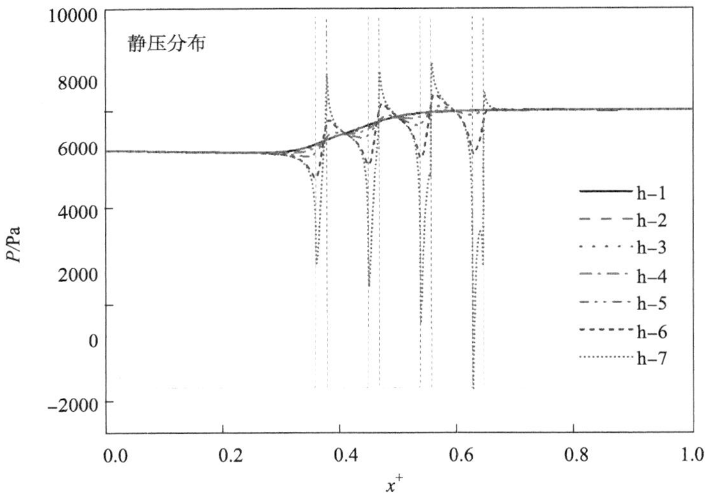

图 6-26　分配集箱内沿程流动截面上工质静压分布的计算结果

同样的，图 6-28 分别给出了 Case-3 中，汇集集箱内沿程流动截面上工质静压分布的计算结果。

从图 6-28 中可以看出，由于汇流作用，沿着汇集集箱内流体流动方向，工

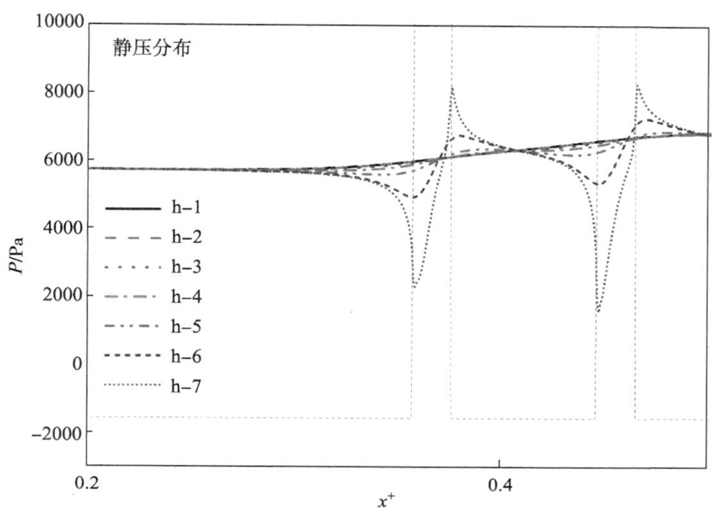

图 6-27　分配集箱内沿程流动截面上工质静压分布的计算结果(局部放大)

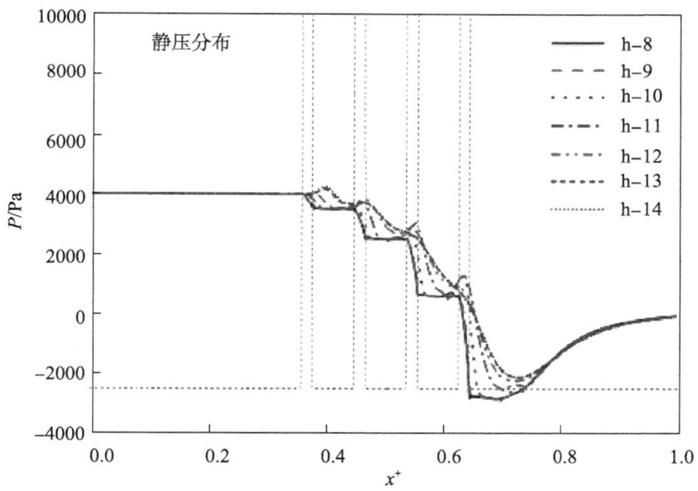

图 6-28　汇集集箱内沿程流动截面上工质静压分布的计算结果

质流速呈现逐渐增加的趋势，流体静压则呈现逐渐降低的趋势。在汇集 T 形三通附近区域，各个截面上的静压值及速度值同样存在较大差别，尤其对于靠近汇集集箱下壁面处的截面 8 和截面 9，其静压值呈现瞬间升高后又急剧回降的变化趋势，这是因为该截面距离支管出口位置最近，此处由流动方向改变引发的扰动最为剧烈，受涡流区的影响，流体静压波动也最为剧烈。对比图 6-26 和图 6-28 可以发现，相比于分配 T 形三通，汇集 T 形三通附近工质的静压变化幅度相对较小，这意味着汇流过程中产生的扰动比分流过程相对较弱。

从图 6-26 中还可以看出，工质在经过支管 1 进口处的分配 T 形三通后，经历一段距离之后，其流动截面上的压力分布偏差逐渐消失，流动才逐渐恢复稳定。由此可以预见，当支管间距过小时，支管进口 T 形三通的下游流动还未完全充分发展就进入下游支管进口处对应的 T 形三通区域，这可能会对下游 T 形三通的分流过程造成影响，进而影响到并联管的流量分配。传统计算模型属于一维模型，存在一定的局限性，无法用来研究上游未充分发展流动对 T 形三通分流、汇流过程的影响。对此，下文以分配集箱为例，研究不同支管间距下集箱内流动截面上工质的静压分布规律。

理论上，流动截面上不同位置处的压力值相等时，可认为流动充分发展，因此本文定义了流动截面上不同位置处对应各个监测线(h-1～h-7)的压力值的相对标准偏差来作为判断截面上流动是否充分发展的判据，其计算表达式为：

$$RSD(x^+) = \frac{S(x^+)}{\overline{P}(x^+)} = \frac{\sqrt{\dfrac{\sum_{i=1}^{N}[P_i(x^+) - \overline{P}(x^+)]^2}{N-1}}}{\overline{P}(x^+)} \tag{6-17}$$

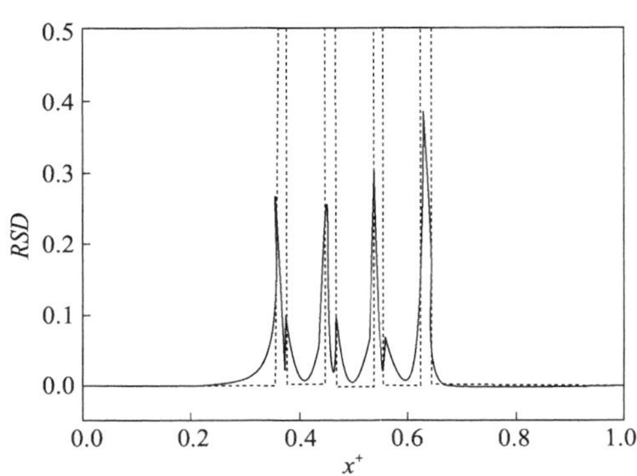

图 6-29　支管间距为 0.1m 条件下，分配集箱内沿程流动截面上静压分布相对偏差的计算结果

式中，x^+表示集箱沿程的无量纲位置；P_i 表示截面上监测线 h-i 上的工质压力值；N 为监测线的数目，本文共设置 7 条监测线，所以 $N=7$；$\overline{P}(x^+)$表示 x^+位置处对应截面上各监测线压力 P_i 的平均值，如下所示：

$$\overline{P}(x^+) = \frac{\sum_{i=1}^{N} P_i(x^+)}{N} \tag{6-18}$$

图 6-29 给出了图 6-26 对应的分配集箱内沿程流动截面上静压分布相对偏差的计算结果。

从图 6-29 中可以看出，在支管进口 T 形三通附近，由于流动方向发生急剧变化，流场扰动剧烈，导致截面上的静压分布偏差极为明显，相对偏差最高甚至达到 40%，而且从图中可以明显发现涡流区的影响范围不局限于 T 形三通区域，在 T 形三通上游和下游均存在一段距离，这段距离内管内流动截面上静压分布仍存在较为明显的偏差。在该工况下，支管间距为 0.1m，在支管之间的流动过程中，截面上静压分布偏差逐渐降低到 0 附近，随后立即剧烈上升，这表明相邻两个 T 形三通的扰动区域刚好连接且没有相互重叠。图 6-30 进一步给出了支管间距分别为 0.01m 和 1.0m 条件下，分配集箱内沿程流动截面上静压分布以及相对偏差的计算结果。

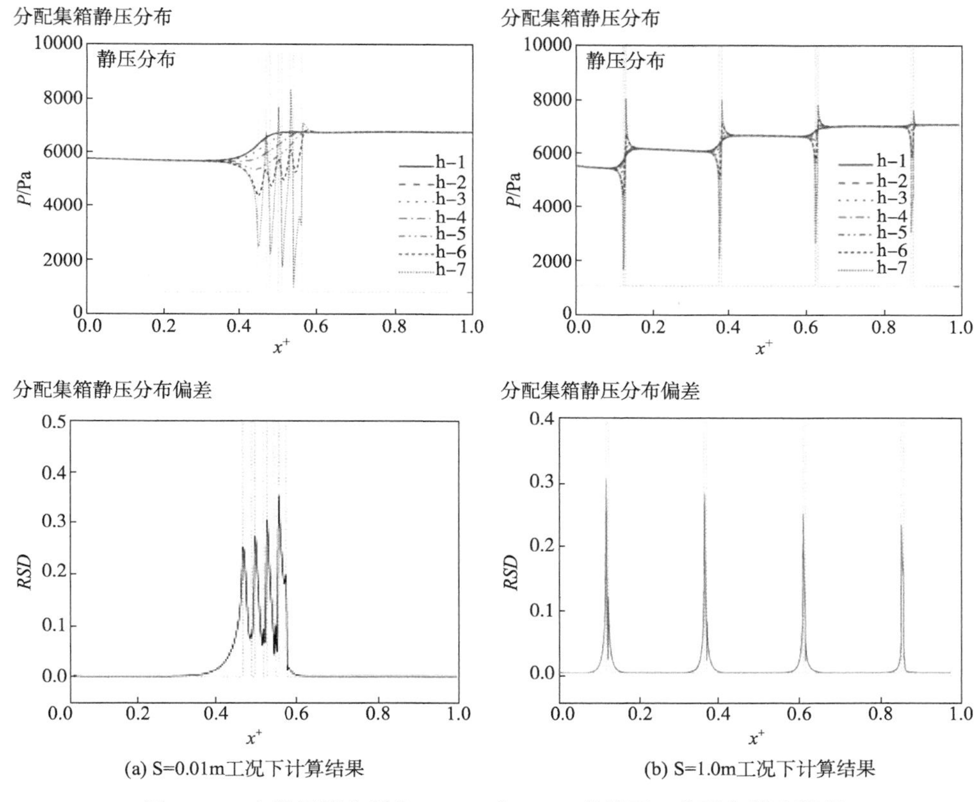

图 6-30 支管间距分别为 0.05m 和 1.0m 条件下，分配集箱内沿程流动截面上静压分布以及相对偏差的计算结果

从图 6-30 中可以看出，当支管间距较大(间距为 1.0m)时，各个支管进口 T 形三通的上游流动及下游流动均已处于充分发展阶段，相邻支管间没有相互影响作用。当支管间距较小(间距为 0.05m)时，在支管之间的流动过程中，截面上静压分布偏差还未降低至 0，随后立即剧烈上升，这表明相邻两个 T 形三通的扰动区域相互重叠，意味着下游支管对应 T 形三通的上游流动处于未充分发展流动区域。

综上分析，由于 T 形三通附近区域的剧烈扰动，导致支管间距过小时，存在相邻 T 形三通间互相影响的可能性。为此，本文进一步计算了不同支管间距下并联各支管的流量分配结果，如图 6-31 所示。从图 6-31 中可以明显看出，支管间距对并联管的流量分配特性有明显影响，随着支管间距的增大，各支管流量分配逐渐均匀，同时可以看出，当支管间距增加到一定程度后，随着支管间距的增加，各支管流量分配结果的变化逐渐减弱。

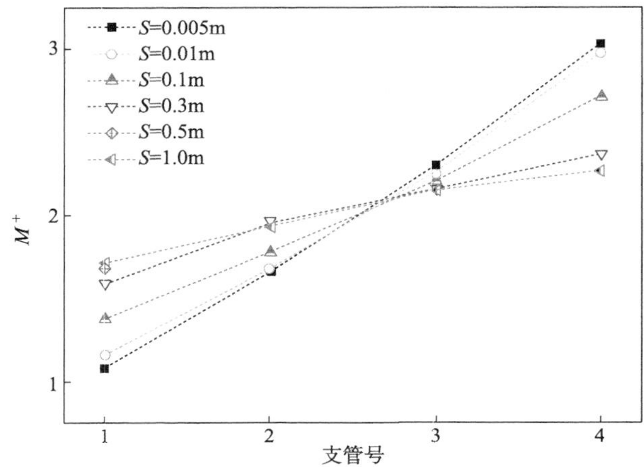

图 6-31　不同支管间距下，各支管流量分配计算结果

6.4　本章小结

本章节基于 CFD 数值模拟方法对 T 形三通内的流动过程以及并联管内的流量分配特性展开了研究，主要结论如下。

(1) 对分配 T 形三通内不同类型工质的进、出口压降变化特性进行了三维数值模拟，计算了三通进、出口压降损失系数随提取率的变化规律，并将关于 T 形三通内水工质压降变化系数的计算结果与已有实验数据进行了对比，发现本文的数值计算结果与实验数据吻合较好。进一步的研究发现工质密度、黏度等物性参数对 T 形三通内工质的压降变化特性有明显影响。

(2) 对不同支管间距下并联管内集箱的静压分布规律及各支管的流量分配特性进行了二维数值模拟，研究发现工质在流经 T 形三通时，由于流速急剧变化，三通附近区域内的流动扰动极为剧烈，流动截面上工质的压力分布极不均匀。当支管间距较小时，下游 T 形三通内工质的分流过程会受到上游 T 形三通附近涡流区域扰动的影响，进而影响到整个并联管的流量分配特性。进一步研究表明，随着支管间距的增大，各支管流量分配逐渐均匀，当支管间距增加到一定程度后，随着支管间距的增加，各支管流量分配结果的变化逐渐减弱。

7 管道流固耦合振动特性计算分析

前文系统研究了并联管内工质的正常流动与传热现象，但是在超(超)临界锅炉、核反应堆等能源系统的实际运行过程中，管内工质在流动过程中并非绝对平稳，多数情况下为湍流。湍流典型的周期性不稳定特征导致管内工质会对管壁面施加各种周期性的激励作用，尤其是当管内工质在经过弯头、阀门等一些绕流结构时，管壁面附近流体的波动会更为剧烈，管壁面受到的激励作用更加明显，甚至引发管道发生共振现象(称为“流致振动”)，并进一步引发强烈噪声、部件疲劳破坏、严重系统故障等，直接影响机组的正常启停和运行。为此，本章将重点针对管路系统内的流致振动现象及其机理进行计算分析和讨论。

7.1 流固耦合振动研究现状分析

7.1.1 流致振动简介

在实际现场中，管道振动的原因主要有与管道直接相连接的机器、设备的振动和管道液体的不稳定流动引起的振动(流致振动)，流致振动是其中较为常见的一种类型。现有研究普遍认为流致振动是介质的振动频率与管道的固有频率接近时产生的共振，其主要原因在于管道内部存在许多扰流结构，例如T形三通、弯头、阀门、过滤器等，流体在流经这些结构时，流动变得不稳定，形成较多激振来源，若某激振频率与管道固有频率一致，就会引发共振现象。例如，图7-1给出了空气介质横掠圆柱过程中的涡量场分布。由图7-1可以看到，当空气流经圆柱外表面时，圆柱外表面后侧有涡周期性地生成和脱落，圆柱表面势必受到周围流体对其产生的周期性作用力。

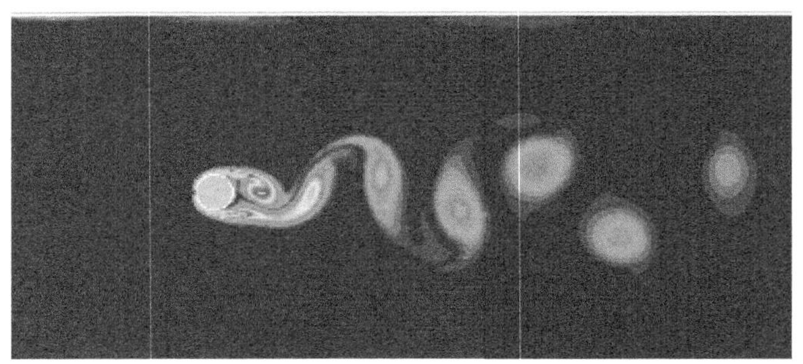

图 7-1 空气介质横掠圆柱的涡量场分布

7.1.2 相关研究文献

过去学者对电厂内汽水管道的各类振动问题开展了较为广泛的研究，例如，2005 年，王大光等[124]结合振动理论，对铁岭发电厂 300MW 机组主给水管道和省煤器出口管道的振动问题进行了模态分析，发现这些管道的一阶固有频率较低，通过加装限位支座，进而增加对管道的约束，提高了管道的固有频率，使其避开管内介质流动的激振频率，减轻了电厂运行中管道的振动现象。

2008 年，吴江涛等[125]以核电站内低压给水管道为研究背景，分析了管道振动的原因是由于孔板压降作用造成管内流体的压力振荡，其振荡变化频率与管道固有频率接近，进而形成共振。同时采用对管道增加支架的方式，提高管道固有频率，避免管道与激励源之间的共振，并利用有限单元法对改进后的管路系统进行了所有工况下的应力分析和评定，保证改造方案满足管道承受应力要求，最后进行了现场试验验证。

2008 年，王军民等[126]针对某锅炉主给水管道高压段在电动给水泵与汽动给水泵同时运行时出现的振动和大幅度摆动现象开展了研究。管子规格为 ϕ406. 4×55，设计压力为 25. 4MPa、设计 MCR 工况下给水温度为 279. 4℃。研究表明，当汽动泵与电动泵并联运行时，各泵所提供的流体混合到一起再经过各阀门后，流体激扰频率与流经该管段的固有频率相等或接近时引起振动或共振。采取了在管道适当部位增加管系结构阻尼(一种利用阻尼特性来减缓机械振动及消耗动能的装置)，改变了管系固有频率，提高了管系刚度，解决了上述振动和大幅摆动问题。

2012 年，赵轩等[127]针对电厂汽水管道振动提出了相应的减振方法，详细阐述了汽水管道振动有限元分析方法，并对目前普遍采用的汽水管道有限元分析软件 GLIF 以及新近引入国内的汽水管道有限元分析软件 CEASARII 的优缺点进行了分析对比，采用现场实验与有限元软件建模相结合的方式解决了华能伊敏电厂超临界湿冷机组内高压给水管道振动的问题。

2013 年，付永领等[128]利用 ANSYS 和 CFX 探讨了在航空泵非定常流速下弯管转角对该管道流固耦合振动特性的影响，研究发现当管道弯头的转角从 90°降低到 60°，其振动幅值降低了 50%，振动峰峰值降低了 68.29%。原因在于高压且为非定常的管内流体在 90°弯头内流动，会对管道施加较大的激振力。

通过调研发现，以往研究往往基于梁模型等直接求解管道的振动方程，分析其振型和固有频率等，多数研究对管内流动做了很大的简化，并没有对介质内部的非稳定流场及其产生的激振来源进行深入分析和关联，本章首先分别以横掠圆柱外部流动和弯管内部流动为例，基于大涡模拟的方法，模拟管壁面附近涡的生成和脱落过程，据此分析壁面受到的激振力作用的频率和大小，然后，基于有限元分析软件，对电厂典型管道系统进行静力和动力分析，最后基于内部流场模拟和管道固有频率分析，揭示流致振动的机理，并提出改善措施。

7.2 涡脱过程中流场分布的大涡模拟

介质流动过程中产生的激振力是导致管道振动的根本原因，涡激振动是其中最为常见的一类。流体在经过扰流结构时(例如内部流体经过弯管时、外部流体横掠圆管等)，在管壁面附近会交替引发涡的产生和脱落(简称为“涡脱过程”)，进而对管道产生交变的激振力。当管道内涡脱离壁面的频率与管道固有频率接近时，管内流动激振力诱发的管道振动现象加剧，发生共振现象，工程上称为“涡激振动”。本节基于大涡模拟的方法，分别以横掠圆柱外部流动和弯管内部流动为例，模拟壁面附近涡的生成和脱落过程，据此分析壁面受到的激振力作用的频率和大小。

7.2.1 大涡模拟简介

大涡模拟，英文简称 LES(Large Eddy Simulation)，是近几十年才发展起来的一个流体力学中重要的数值模拟研究方法。它区别于直接数值模拟(DNS)和雷诺平均(RANS)方法。湍流是由许多不同尺度的旋涡组成，大尺度的涡对平均流动影响较大，而小尺度的涡主要对耗散起作用，通过耗散脉动来影响各种变量。因而大涡模拟是把包括脉动运动在内的湍流瞬时运动通过某种滤波方法分解成大尺度涡和小尺度涡两部分，大尺度涡通过 N-S 方程直接求解，小尺度涡通过亚网格尺度模型，建立与大尺度涡的关系对其进行模拟[129]。大涡模拟通过精确求解某个尺度以上所有湍流尺度的运动，从而能够捕捉到雷诺平均方法所无能为力的许多非稳态、非平衡过程中出现的大尺度效应和拟序结构，同时又克服了直接数值模拟由于需要求解所有湍流尺度而带来的巨大计算开销的问题，被认为是最具有潜力的湍流数值模拟发展方向。因此，基于大涡模拟方法可以更加准确地模拟出扰流过程中壁面附近涡的生成和脱落。

7.2.2 横掠圆柱流场大涡模拟分析

本节以一个典型案例(二维圆柱的空气绕流过程)为例对涡脱过程中的流场分布进行计算和分析。圆柱外径为 100mm，外部流场尺寸为 2200mm×1000mm。基于 Ansys-Icem 软件，采用结构化网格方法进行网格划分，并对圆柱附近区域进行局部网格加密，网格划分结果如图 7-2 所示。

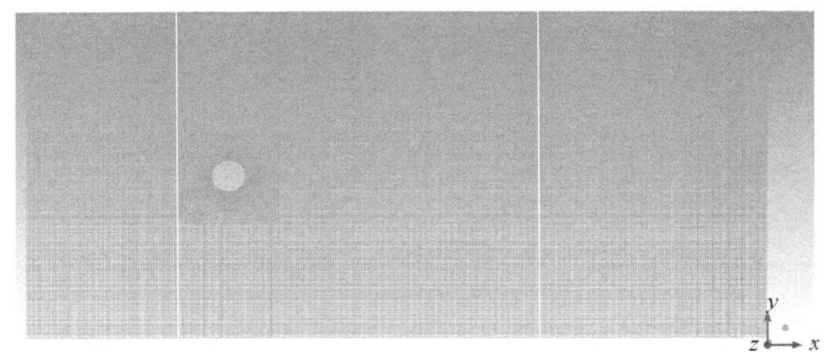

图 7-2 二维圆柱绕流流场的网格划分结果

计算中，工质为常温、常压空气，进口边界条件设置为速度进口，进口流速为 0.031m/s，出口边界条件设置为压力出口，壁面边界条件为无滑移边界条件。基于 Ansys-Fluent 软件，初始时刻采用稳态 k-ε 湍流模型进行迭代计算，获得初始稳态流场分布。然后采用 LES 模型进行瞬态计算，图 7-3 给出了 t=100s 时，计算区域内流体静压场、速度场、涡量场的分布情况。

通过图 7-3 可以清晰看出，当流体经过圆柱时，在圆柱后表面附近不断有涡的生成和脱落。涡量场的强度(涡的大小)表征着管内流场的扰动剧烈程度，现有研究[130]中往往用壁面升力系数的大小及振动幅度来定量描述涡量场的强度，壁面升力系数振动幅度越大，振动越剧烈，管内流场扰动越剧烈，其对管道壁 4 面的激振力越大。另一方面，在涡激振动中，激振力的频率一般接近于管内流场的涡脱频率，涡脱频率同样可以用壁面升力系数的振动频率来表征。本算例中圆柱外表面升力系数(cl)随时间(t=125~170s)的变化曲线如图 7-4 所示。

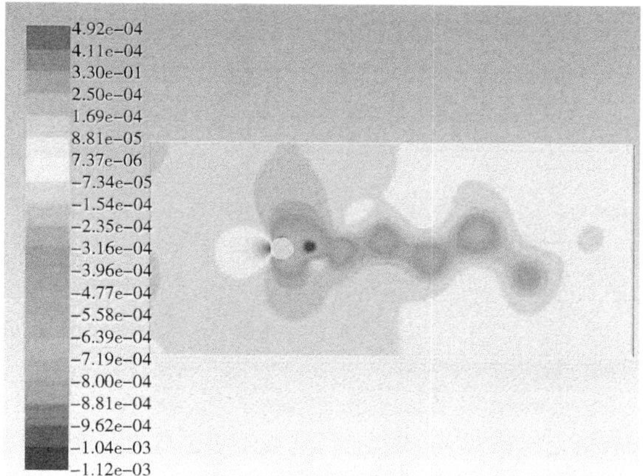

(a) 静压场分布

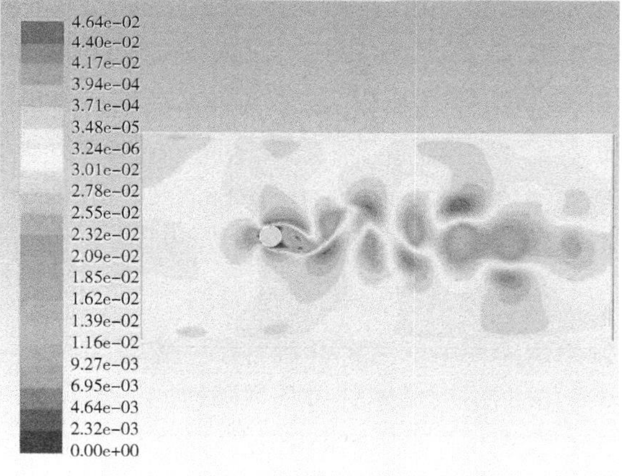

(b) 速度场分布

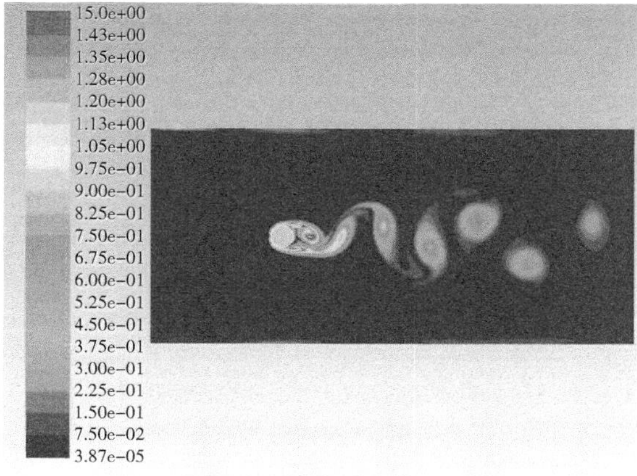

(c) 涡流场分布

图 7-3　二维圆柱绕流流场分布计算结果($t=100$s)

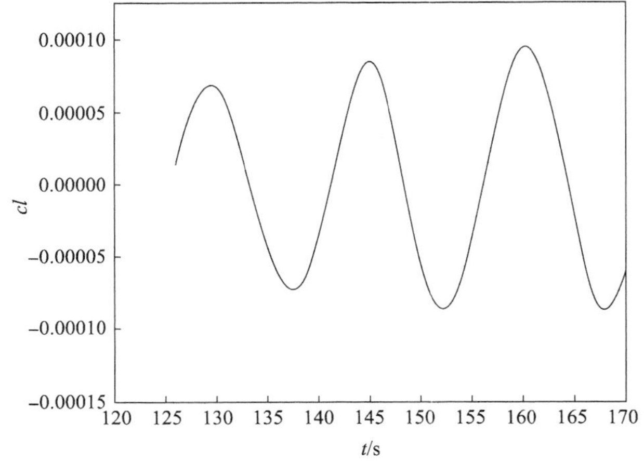

图 7-4 圆柱外壁面升力系数的变化曲线

从图 7-4 中可以明显看出，圆柱壁面的升力系数随时间呈现明显的周期型变化特征。本文进一步对图 7-4 中壁面升力系数随时间的变化曲线进行 FFT 变化，获得对应的频谱曲线，结果如图 7-5 所示。频谱曲线表示了振荡信号强度随着频率的变化情况，即信号强度在频域的分布状况。在图 7-5 中，纵坐标表示各个频率下的子振型所对应的信号强度(或称“信号幅值”，用 *PSD* 表示)，该值越大，代表其所对应的子振型振动能量越大，其对管壁产生的激振力越大。从图 7-5 中可以看出，该工况下，壁面附近流体升力系数随时间的振动曲线对应的振型只有一种，对应频率约为 0.066Hz，该频率可用来表征壁面涡脱过程产生的激振力频率，其对应的信号强度为 1.53E-7，该数值可用来表征壁面涡脱过程产生的激振力强度。

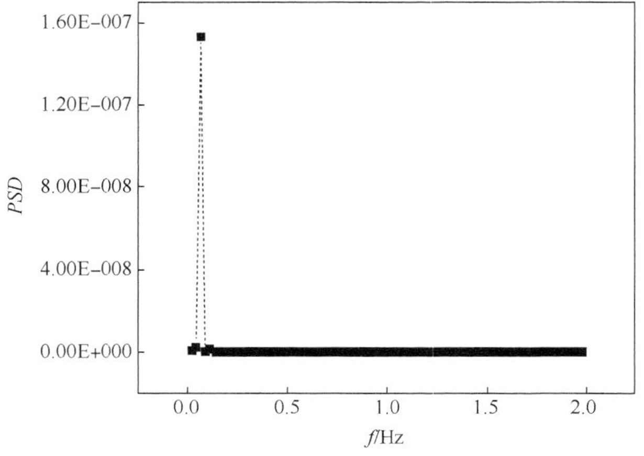

图 7-5 升力系数变化曲线对应的 FFT 频谱图

7.2.3 弯管内流场大涡模拟分析

本节对电厂弯管内流体的流动过程进行模拟，重点模拟流体在经过弯管时内壁面附近涡的产生和脱落过程，计算出相应的涡脱频率，并进一步对比分析了流体流速、弯管曲率半径、弯头数目等因素对涡脱频率的影响。本节共设置 6 组算例，各算例具体参数如表 7-1 所示。

表 7-1 算例设置

算例	弯管数目	流体流速 V_{in}/(m/s)	弯头曲率半径 R/mm
Case-1	1	0.5	686
Case-2	1	1.0	686
Case-3	1	2.0	686
Case-4	1	2.0	343
Case-5	1	2.0	1372
Case-6	2	2.0	686

如表 7-1 所示，对比 Case-1、Case-2、Case-3，研究流体流速对涡脱过程的影响；对比 Case-3、Case-4、Case-5，研究弯头曲率半径对涡脱过程的影响；对比 Case-3、Case-6，研究弯头数目对涡脱过程的影响。

首先，在 Case-1 ~ Case-5 中设置单个弯管作为几何模型，管道内径为 460mm，进口段长度为 1000mm，出口段长度为 2000mm，如图 7-6 所示。

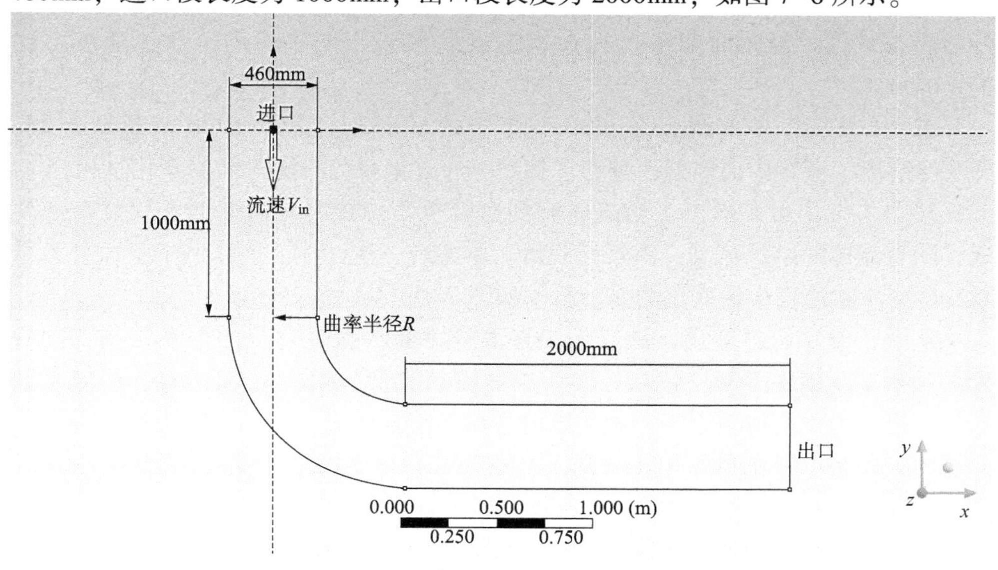

图 7-6 单弯管几何模型示意图

基于 Ansys-Icem 软件，采用结构化网格划分方法对图 7-6 所示结构进行网格划分，图 7-7 给出 Case-1～Case-5 对应单弯管几何结构的网格划分结果及相关网格质量信息，网格数量约为 505310，网格质量满足计算要求。

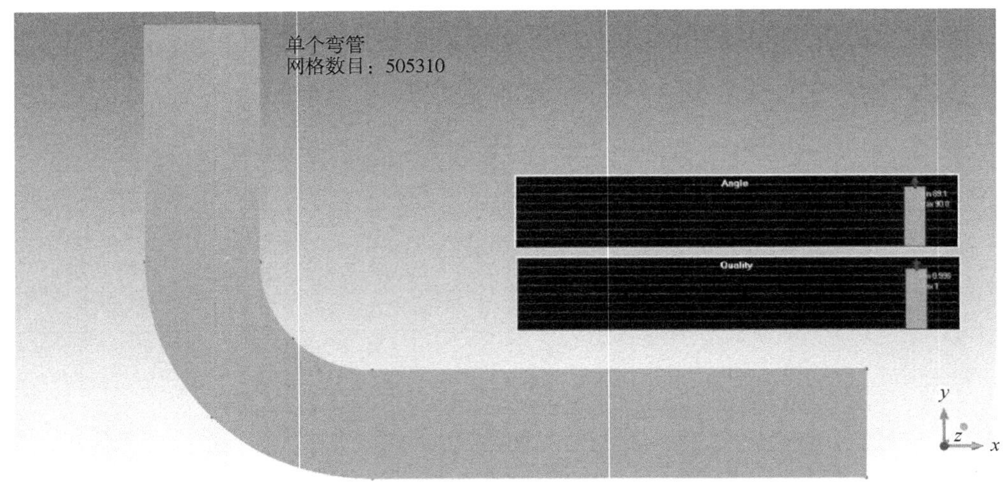

图 7-7　单弯管结构网格划分结果

计算中，工质采用常温、常压水，进口边界条件设置为速度进口，出口边界条件设置为压力出口，壁面边界条件为无滑移边界条件。初始时刻采用稳态 $k-\varepsilon$ 湍流模型进行迭代计算，获得初始稳态流场分布，然后设置大涡模拟模型开始瞬态计算，设置时间步长为 0.0001s(一般小于网格长度与流体速度之比的 1/10)。

首先以 Case-4 为例，分析单个弯管内壁面附近涡的生成及脱落过程，图 7-8给出了弯管内流体静压分布、速度分布、涡量分布随时间的变化过程。

从图 7-8 中可以看出，当流体流到弯管折角位置时，内壁面上明显有涡生成，随着流体的继续流动，涡逐渐脱落。本文进一步计算了该算例中壁面升力系数(cl)在流动过程中的变化曲线，结果如图 7-9 所示。

从图 7-9 中可以看出，该算例中壁面升力曲线振荡过程的振动振幅变化极大，其振型及频率不属于任何一种简单的振动类型(如正弦振动等)，属于多频振荡，可以看作由有多个不同频率下的子振型组合而成，为了获得其具体各个子振型的振动频率及幅值等相关信息，需要对图 7-9 中的信号数据进行 FFT 变化，获得对应的频谱图，结果如图 7-10 所示。

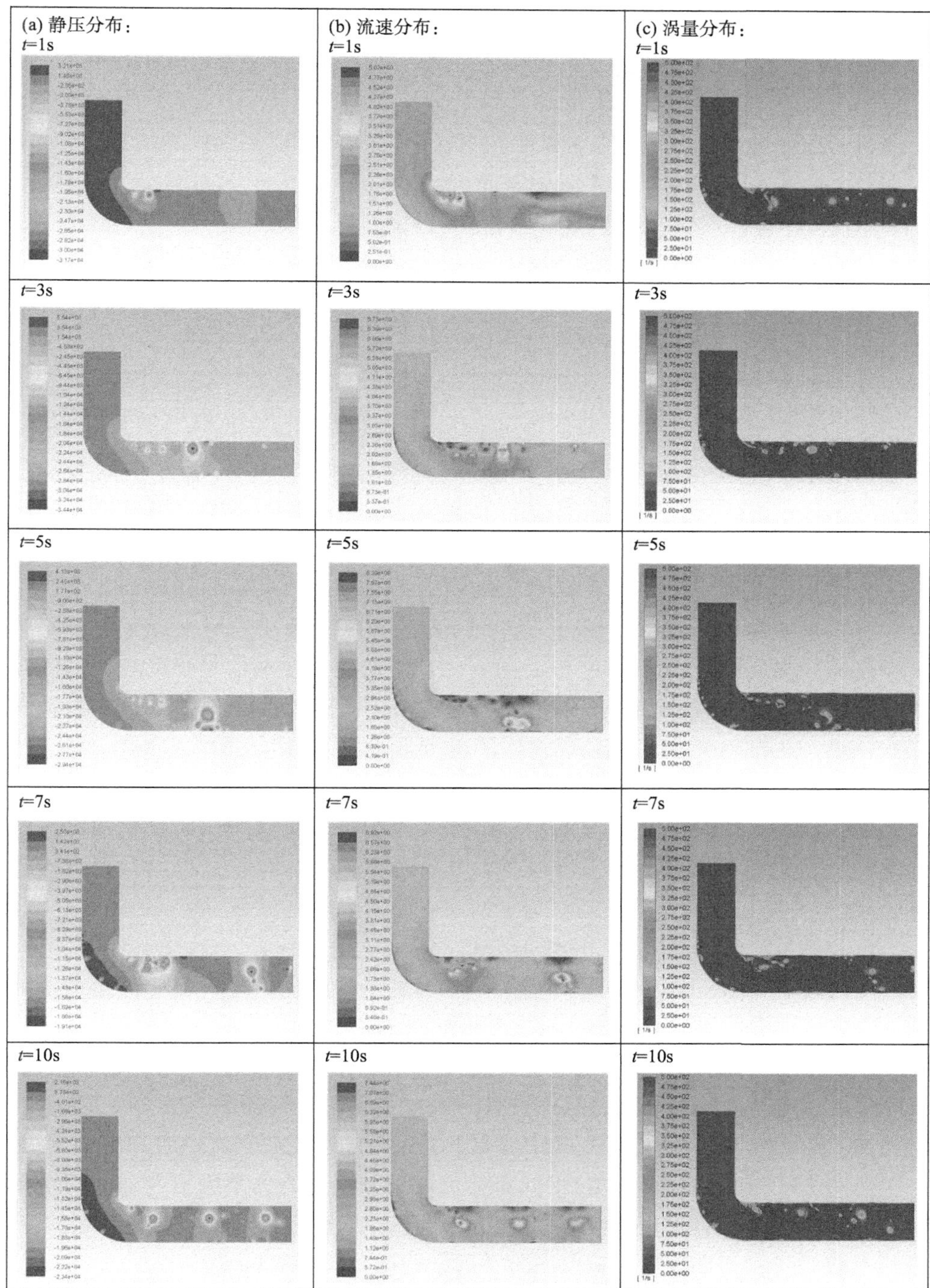

图 7-8　Case-4 中单个弯管内流场分布随时间变化的计算结果

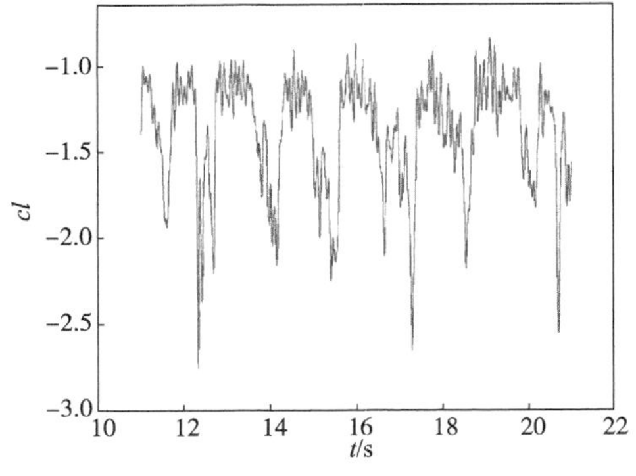

图 7-9　单个弯管内壁面升力系数的变化曲线(Case-4)

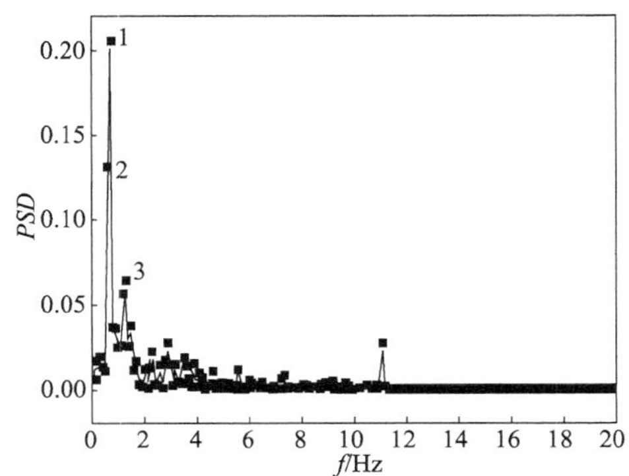

图 7-10　Case-4 中单弯管内壁面升力系数变化曲线对应的 FFT 频谱图

在图 7-10 中，如前文所言，纵坐标表示各个频率下的子振型所具有的信号强度，该值越大，代表其所对应的子振型振动能量越大，其对管壁产生的激振力越大。从图 7-10 中可以看出，相比于上一节二维圆柱绕流过程中的壁面升力系数振荡曲线(图 7-5)，单弯管内壁面的升力系数振荡曲线较为复杂，包含的子振型成分较多。一般而言，绝大多数的子振型由于信号强度太小，对整个振荡曲线振动过程的“贡献”极为微弱，现有研究主要取信号强度较大的前几阶振型对应的振动频率和对应幅值来表征整个壁面升力系数振荡曲线的振动频率和幅度，也即弯管内涡脱过程对应的主要频率和激振力强度。如图 7-10 所示，第 1 阶频率为 0.7Hz，对应强度为 0.2；第 2 阶频率约为 0.6Hz，对应强度为 0.13；第 3 阶频率约为 1.3Hz，对应强度为 0.06。下文统一采用壁面升力曲线的前三阶频率及其对应的信号强度来表征弯管内流场涡脱过程的激振力频率和强度。

(1) 进口流速对涡脱过程的影响分析

通过对比 Case-1、Case-2、Case-3 中涡量场的变化来分析流体流速的不同对弯管内壁面涡脱过程的影响，对比结果如图 7-11 所示。

从图 7-11 中可以看出，随着流体流速的增加，弯管内壁面附近涡的数量明显增多，涡的大小明显增大，这表明涡的生成及脱落过程加剧。图 7-12 进一步给出了 Case-1、Case-2、Case-3 中壁面升力系数的变化曲线对应的 FFT 频谱图。

从图 7-12 中可以看出，在不同流体流速下，壁面升力系数振荡曲线对应各振型的频率分布和功率大小均有明显区别。表 7-2 进一步汇总了图 7-12 中不同流速下的 FFT 频谱曲线中对应前三阶子振型的振动频率和功率。

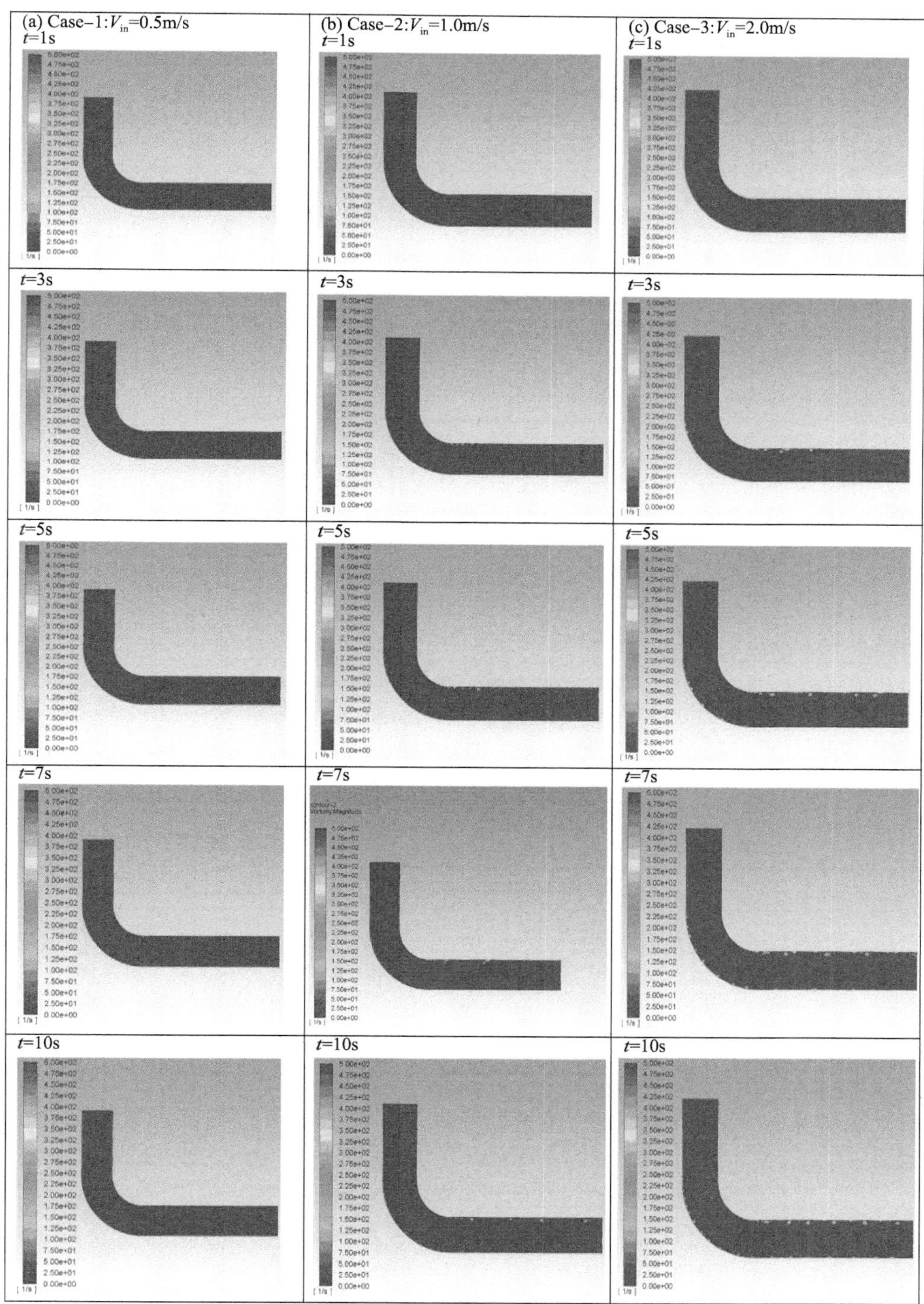

图 7-11　不同流速下单弯管内涡量场分布随时间变化的计算结果

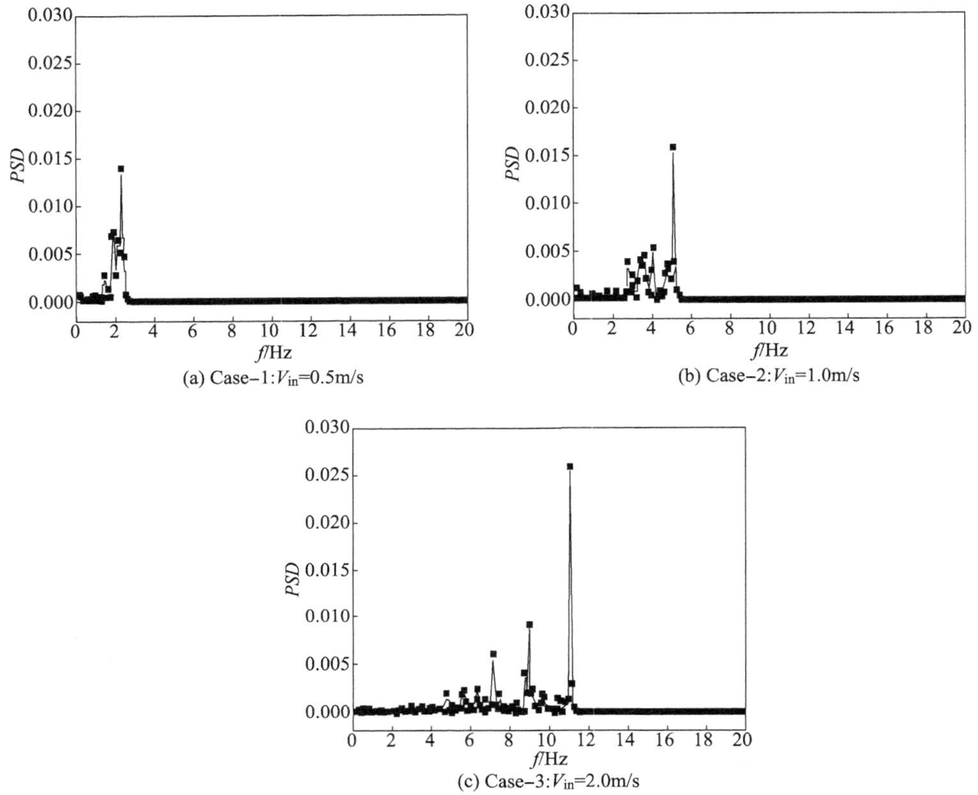

(a) Case-1: V_{in}=0.5m/s

(b) Case-2: V_{in}=1.0m/s

(c) Case-3: V_{in}=2.0m/s

图 7-12　不同流速下单弯管内壁面升力系数对应 FFT 频谱曲线的计算结果

表 7-2　不同流速下对应的单弯管内流场的涡脱频率及强度

	第 1 阶主频、强度	第 2 阶主频、强度	第 3 阶主频、强度
Case-1：V_{in} = 0.5m/s	2.3Hz，0.014	1.9Hz，0.0072	1.8Hz，0.0068
Case-2：V_{in} = 1.0m/s	5.1Hz，0.016	4.1Hz，0.0054	3.6Hz，0.0045
Case-3：V_{in} = 2.0m/s	11.1Hz，0.026	9.0Hz，0.009	7.2Hz，0.006

从表 7-2 中可以看出：随着流体流速的增加，涡的生成及脱落速度加快，涡脱频率明显增大，同时对应的振动强度明显增加，管壁受到的激振力明显增强。

（2）弯头曲率半径对涡脱过程的影响分析

本小节通过对比 Case-3、Case-4、Case-5 中涡量场的变化来分析弯头曲率半径的不同对弯管内涡脱过程的影响，对比结果如图 7-13 所示。

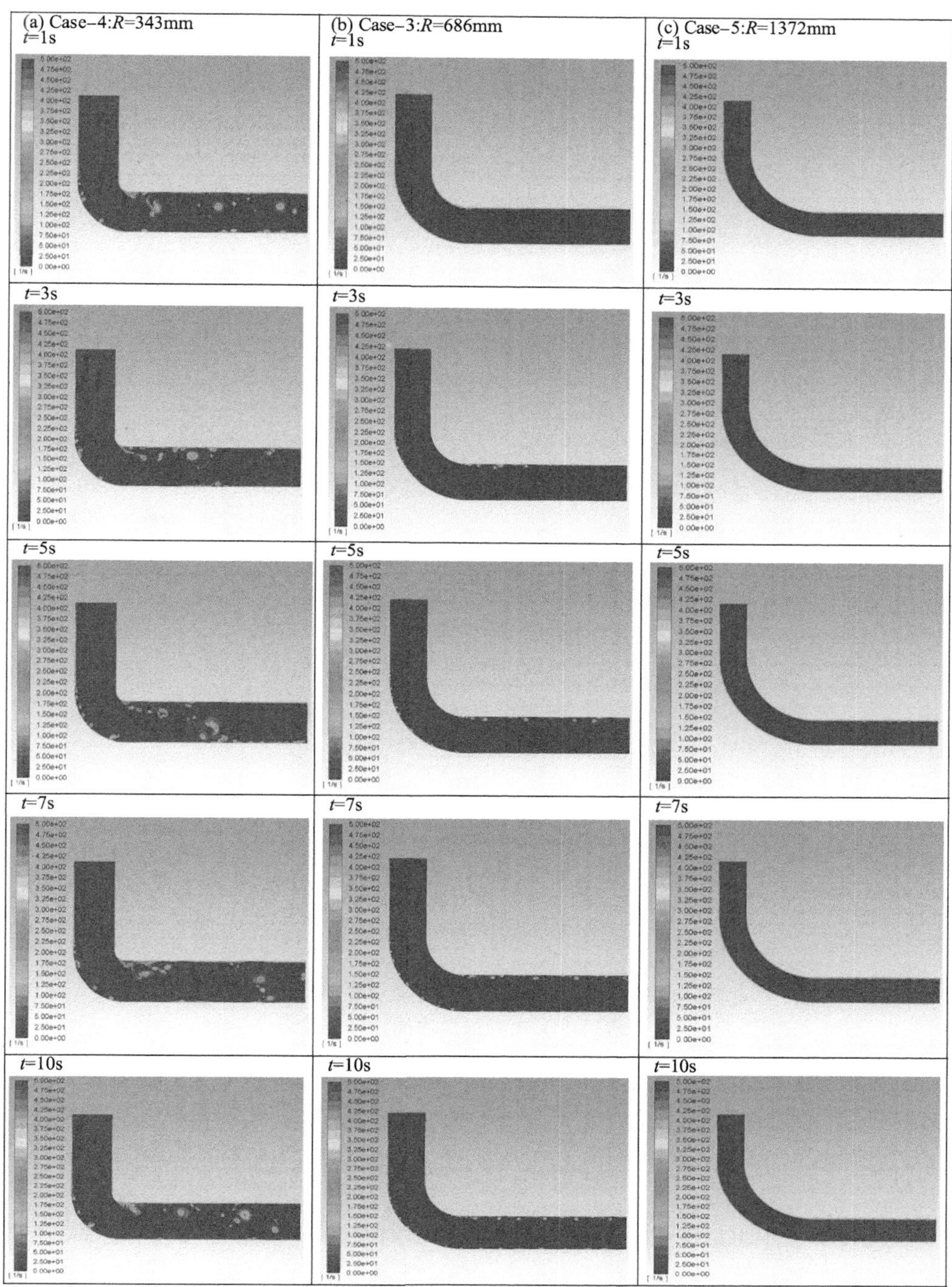

图 7-13　不同弯头曲率半径下单弯管内涡量场分布随时间变化的计算结果

从图 7-13 中可以看出，当曲率半径较小（$R=343$mm）时，工质在经过弯管折角时流体方向转变得更加剧烈，流场内涡的数目明显增多，涡的大小也明显增大。图 7-14 进一步给出了不同弯头曲率半径下壁面升力系数对应 FFT 频谱曲线的变化情况。

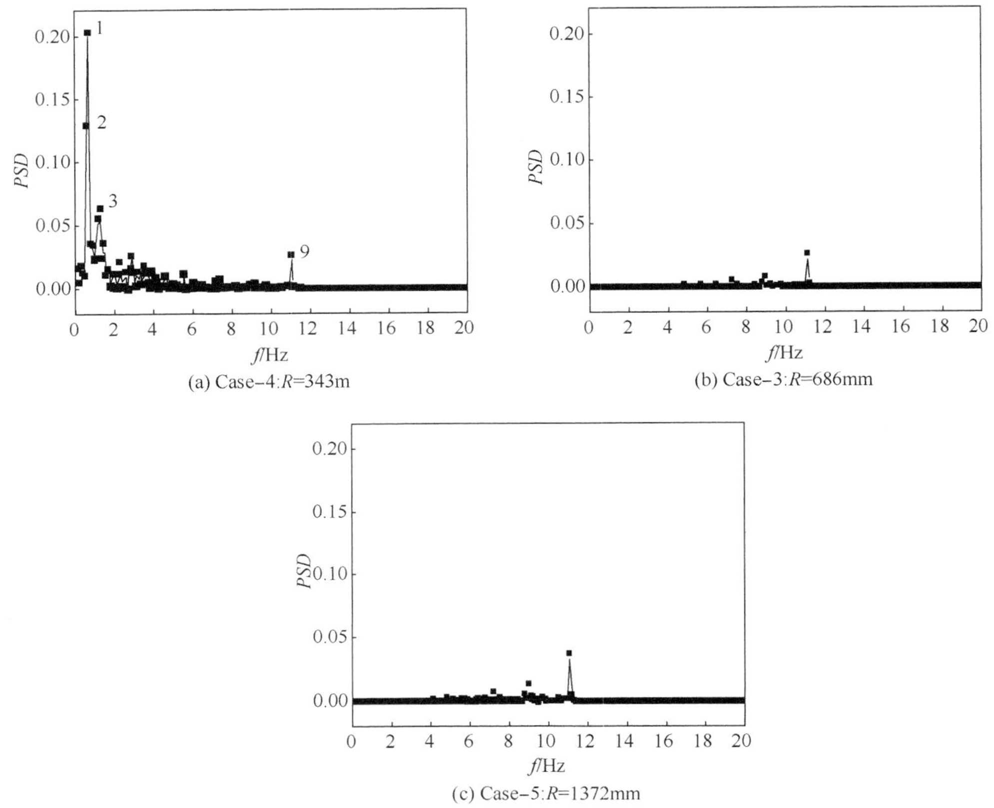

(a) Case-4:R=343m

(b) Case-3:R=686mm

(c) Case-5:R=1372mm

图 7-14 不同弯头曲率半径下单弯管内壁面升力系数对应 FFT 频谱曲线的计算结果

从图 7-14 中可以看出，当弯管曲率半径较小（$R=343$mm）时，壁面升力系数的振荡过程更加复杂，包含的各个子振型对应的信号强度明显增大。表 7-3 进一步汇总了图 7-14 中不同弯头曲率半径下对应的单弯管内流场的涡脱频率及对应强度。

从表 7-3 中可以看出，随着弯头曲率半径的增加，弯管内的涡脱频率总体呈现增加的趋势，但是 Case-3（$R=686$mm）和 Case-4（$R=1372$mm）两个算例的涡脱频率及强度相差不大，而 Case-1（$R=686$mm）的涡脱频率远低于后两者，激振力强度远高于后两者，分析原因可能在于 Case-1 中的弯头曲率半径过小，导致在弯头拐角处产生一些额外的低频大能量振型的涡，如图 7-14(a)中第 1、第 2、第 3 阶频率对应的信号强度极高的振型对应的涡，“淹没”了正常振型的涡，例如，实际上 Case-1 中的第 9 阶频率约为 11.1Hz，对应信号强度为 0.027W/Hz，该信号对应的频率和强度正好与 Case-2、Case-3 中的第 1 阶频率及对应的信号强度一致。

表 7-3 不同弯头曲率半径下对应的单弯管内流场的涡脱频率及强度

	第 1 主频、强度	第 2 主频、强度	第 3 主频、强度
Case-4：R=343mm	0.7Hz，0.2	0.6Hz，0.13	1.3Hz，0.06
Case-3：R=686mm	11.1Hz，0.026	9.0Hz，0.009	7.2Hz，0.006
Case-4：R=1372mm	11Hz，0.036	9.0Hz，0.0134	7.2Hz，0.008

（3）弯头数目对涡脱过程的影响分析

在 Case-6 工况中，在单个弯管的基础上，在其出口位置增加一个弯管，模拟两个连续弯管内的流场分布及涡脱过程，并与单弯管内的流场计算结果进行对比。两个连续弯管的几何模型如下。

图 7-15 所示，其中，管道内径为 460mm，弯头间距为 3000mm，进口段长度为 1000mm，出口段长度为 2000mm。

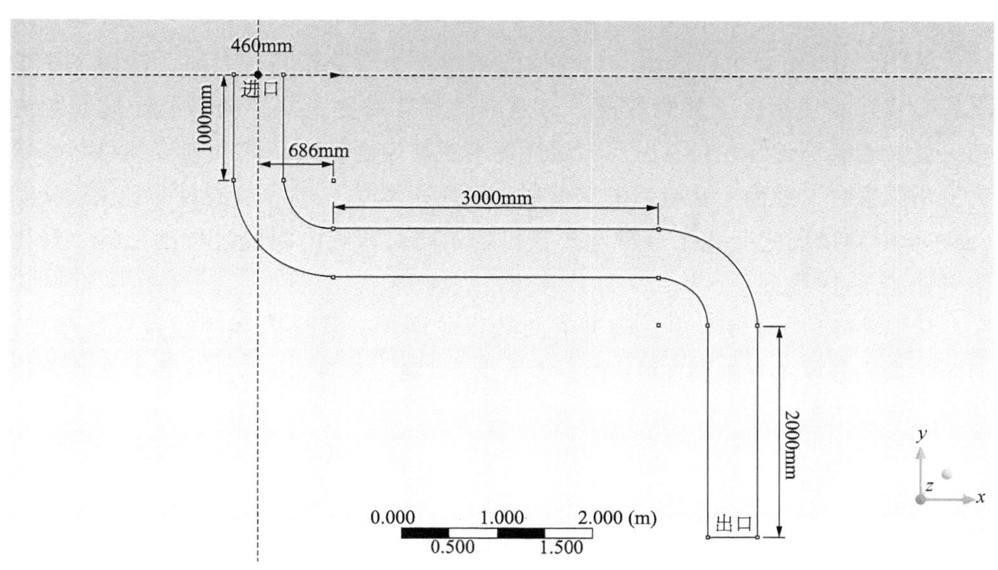

图 7-15 两个连续弯管的几何模型

基于 Ansys-Icem 软件，采用结构化网格划分方法对图 7-15 所示结构进行网格划分，网格划分结果及相关网格质量信息如图 7-16 所示，网格数量约为 1010620，网格质量满足计算要求。

图 7-16　两个连续弯管的网格划分结果

图 7-17 给出了两个连续弯管内的静压分布、速度分布、涡量分布随时间的变化过程。

从图 7-17 中，可以看出，当流体流到第 1 个弯头折角位置时，壁面上明显有涡生成，而且相比于外侧弯道，弯道内侧更容易生成涡，随着流体的继续流动，涡沿着壁面逐渐生长，并且有些涡逐渐脱离壁面。当流体继续流到第 2 个弯头折角位置时，壁面上又有新的涡生成和脱落。本小节进一步通过对比 Case-3、Case-6 中涡量场的变化来分析弯头数目的不同对弯管内涡脱过程的影响，对比结果如图 7-18 所示。

从图 7-18 中可以看出，随着弯头数目的增加，管道内涡的数量有所增加，但涡的大小基本不变。图 7-19 进一步给出了 Case-3、Case-6 中在不同弯头数目下壁面升力系数对应 FFT 频谱曲线的变化情况。

表 7-4 进一步汇总了图 7-19 中不同弯头数目下对应的弯管内流场的涡脱频率及强度。

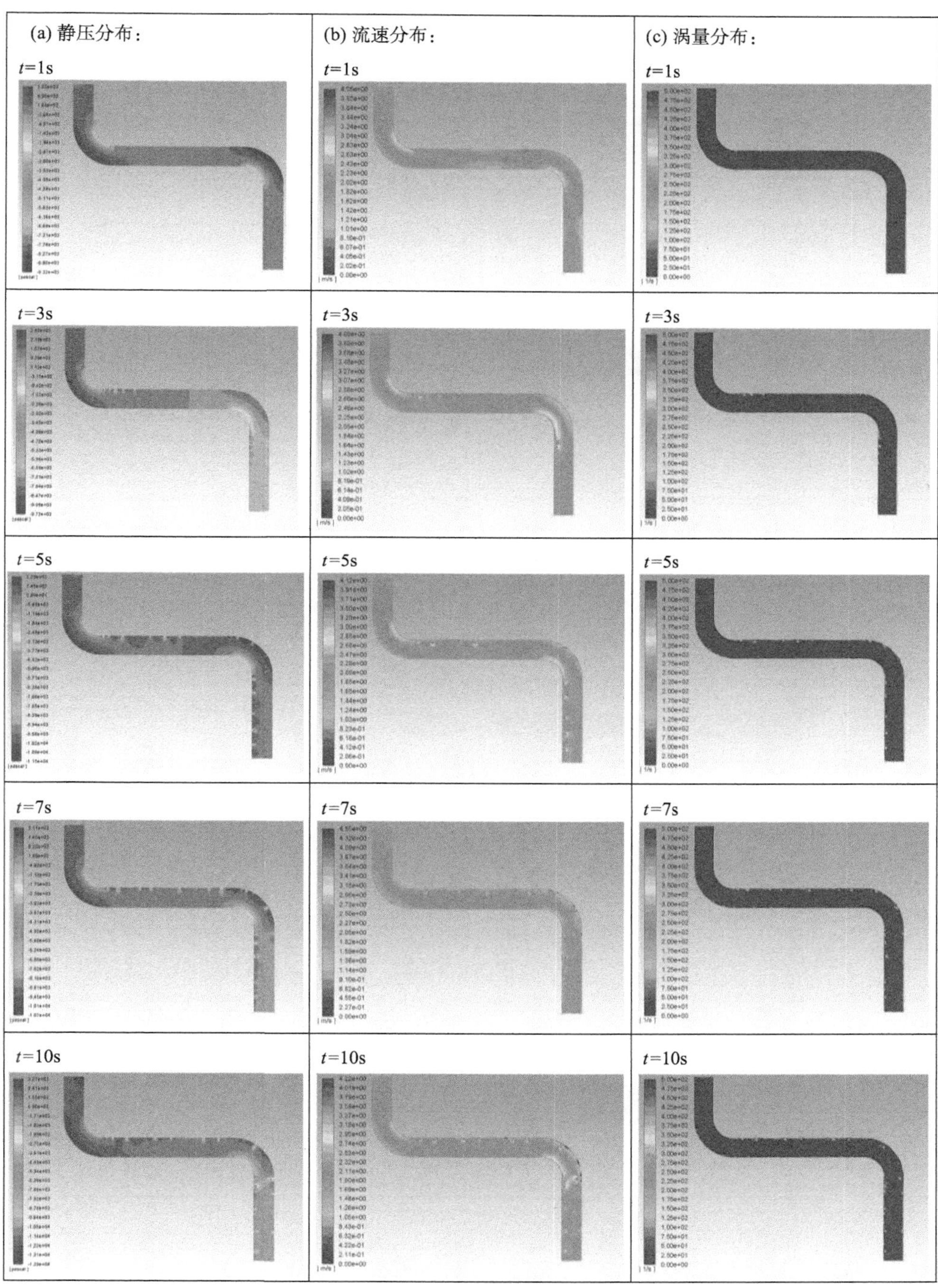

图 7-17　Case-6 中连续两个弯管内流场分布随时间变化的计算结果

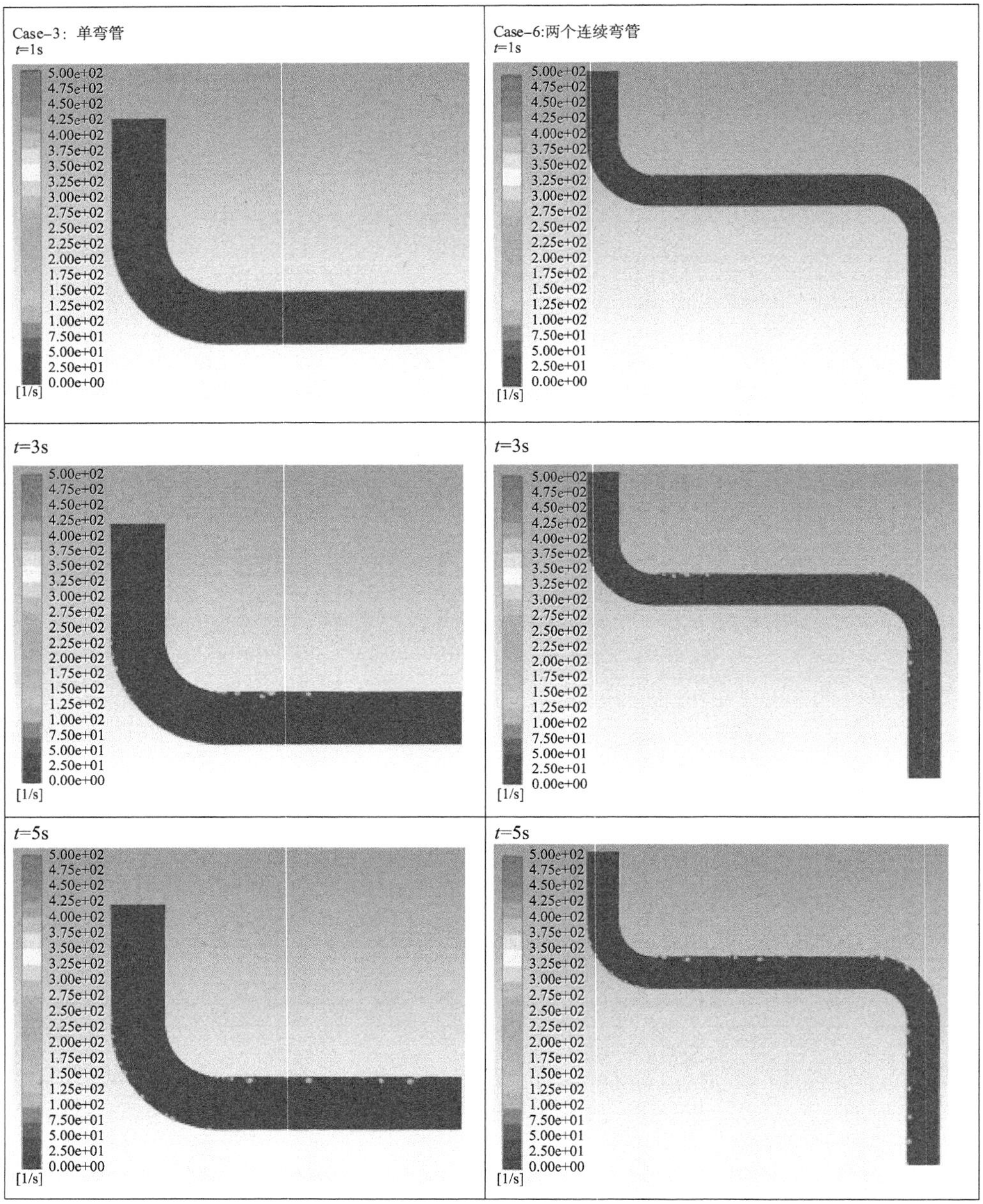

Case-3：单弯管
t=1s

Case-6:两个连续弯管
t=1s

t=3s

t=3s

t=5s

t=5s

图 7-18　不同弯头数目下弯管内涡量场分布随时间变化的计算结果

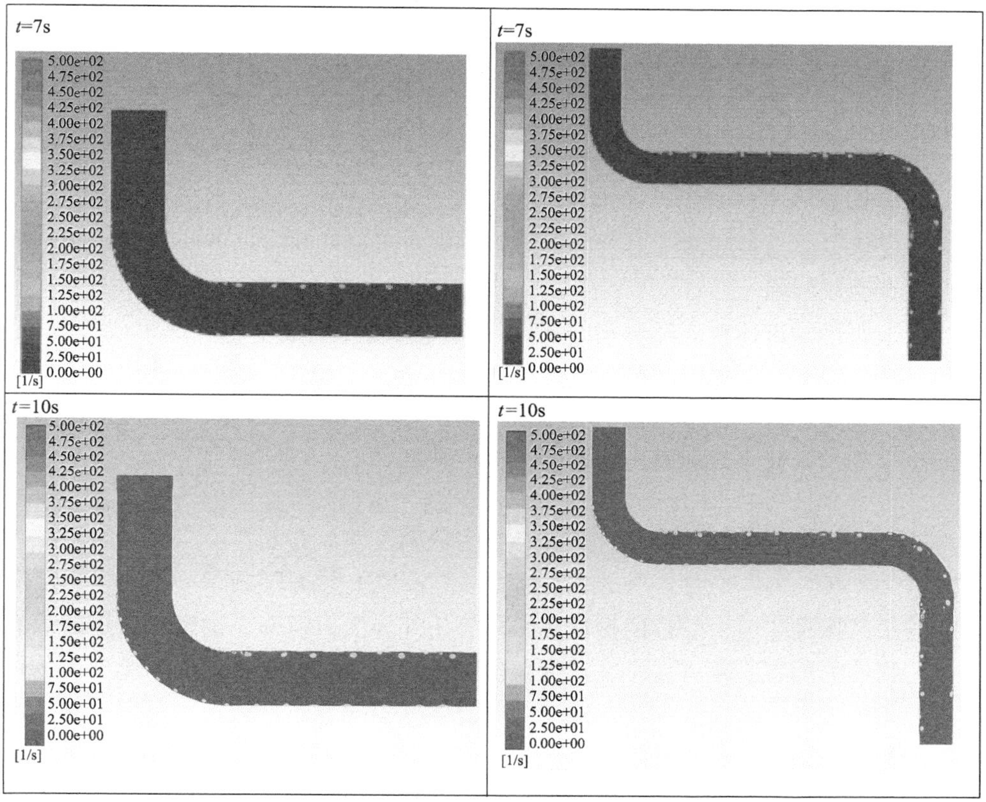

图 7-18　不同弯头数目下弯管内涡量场分布随时间变化的计算结果(续)

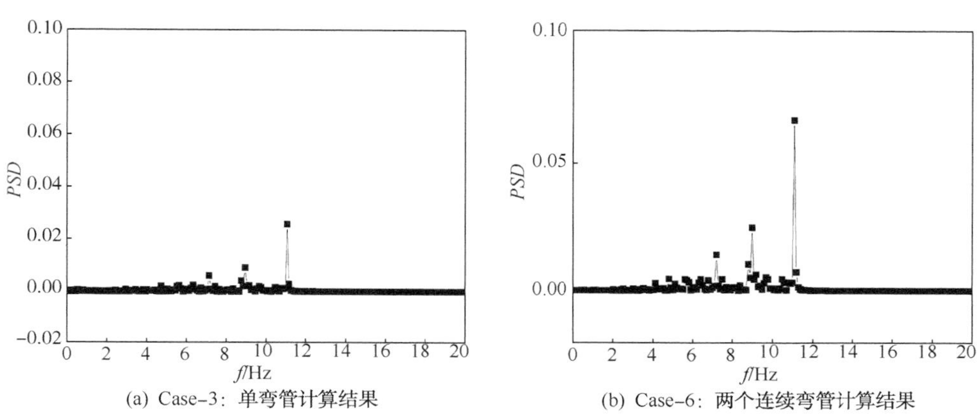

(a) Case-3：单弯管计算结果　　(b) Case-6：两个连续弯管计算结果

图 7-19　不同弯头数目下弯管内壁面升力系数对应 FFT 频谱曲线的计算结果

表 7-4 不同弯头数目下对应的弯管内流场的涡脱频率及强度

	第 1 阶频率、强度	第 2 阶频率、强度	第 3 阶频率、强度
Case-3：单弯管	11.1Hz，0.026	9.0Hz，0.009	7.2Hz，0.006
Case-6：两个弯管	11.1Hz，0.066	9.0Hz，0.025	8.4Hz，0.014

从表 7-4 中可以看出，随着弯头数目的增加，弯管内流场的涡脱频率基本没有明显变化，但是各频率下对应的信号强度则有明显增加，这意味着管壁受到的激振力有明显增强。

综上所述，流体在流经弯头等扰流结构时，壁面附近不断有涡生成并脱落，对管壁形成周期性交替的激振力，这种激振力是导致管道振动现象发生的根本原因，因此在实际现场管道布置中，应尽量减少弯头的使用，同时尽可能增大弯头的曲率半径，以此来减弱管内介质的激振力强度。

7.3 管道系统固有振动频率分析

管道共振发生时，管道的振动频率即等于外界激振频率，也等于管道的固有频率。物体的固有频率有多个，从低频段到高频段，当外界有振动传递到该物体时，外界传过来的激振频率与上述某个固有频率相同或非常相近时，那么在该物体就会振动加剧，发生共振现象，此时，可称此频率为共振频率。电厂管道发生振动的原因绝大多数为共振现象引起，而且共振频率大部分属于低频振动，即管道固有频率较低引起的(低于 3.5Hz)，因为大部分电厂给水管道的流速较低，激振频率较小，同时电厂汽水管道一般采用多吊架弹性布置，而这种弹性布置使管段的自振频率较低，所以在低频激振条件下，管道产生共振的可能性较大。如果管系的固有频率过低，管系的柔性过大，此时即使不在激振力的频率区域，管系在激振力的作用下仍有可能产生振动。此外，也有部分关于现场工程振动问题研究的文献表明，电厂给水管道也会发生高频振动，主要是由旋转设备引起的。

上一章利用数值模拟方法重点分析了管道内部流场涡脱过程引发激振力的相关变化规律，本节将利用 CAESAR Ⅱ软件对电厂管道系统进行静力及动力分析，重点分析不同管道支撑方式下管道自身固有频率的变化规律。CAESAR Ⅱ软件是由美国 COADE 公司开发研究的专业管道应力分析软件，目前在国际上已经得到了广泛的应用[131]。该软件是以梁单元模型为基础的有限元分析软件，既可以对复杂管系进行相应分析也可以对与管系相关的钢结构进行分析，或者对两者的组合模型进行综合分析。此外该软件可以选择不同的校核标准对管道应力进行校核，一般常用标准是 ASME B31.3 系列标准，但也可以选用其他国际标准，如英国管道设计标准 BS 806。CAESAR Ⅱ软件具有丰富的材料库，管道单元模型的建立以及边界条件的设置都比较直观方便，大大提高了管道建模的效率[132]。

CAESAR Ⅱ软件的功能模块主要包含静力分析模块和动力分析模块，其中静力分析主要是对在各种静力载荷作用下的管道进行应力分析和校核，动力分析模块主要包括固有频率计算、谐波分析、响应频谱分析和时程分析等。图 7-20 给出 CAESAR Ⅱ软件参数输入的主要操作界面。

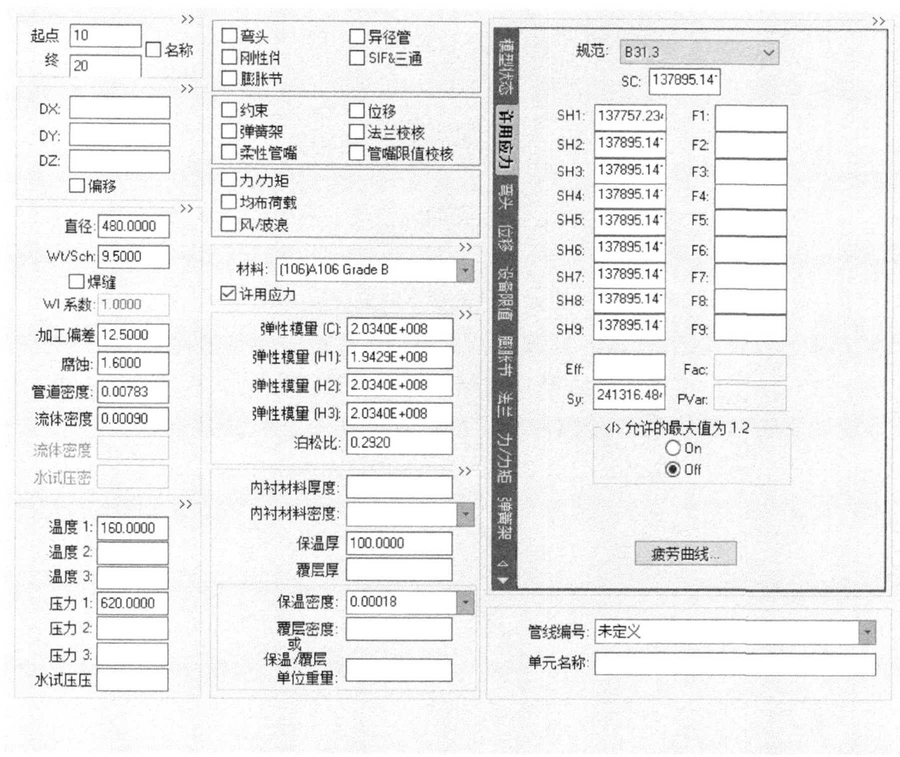

图 7-20 CAESAR Ⅱ软件主要操作界面

7.3.1 计算可靠性验证

首先，采用文献[133]中理论解析模型得出的相关结果对 CAESAR Ⅱ软件的可靠性进行验证。该文献采用传递矩阵法从理论上推导出了系统运动方程的解析表达式，并对图 7-21 所示的主蒸汽管道的固有频率进行了计算分析。在图 7-21 中，管道内水蒸气额定工作温度为 535℃，压力为 16MPa，水蒸气流速为 96.21m/s，管道外径为 355.6mm，壁厚为 40mm，管道材料为 12Cr1MoVA。左侧

A 点限制 x、y、z 三个方向的位移与绕三个轴的转角，右侧 B 点限制 y 方向的位移，并设置阀门，质量为 1000kg。

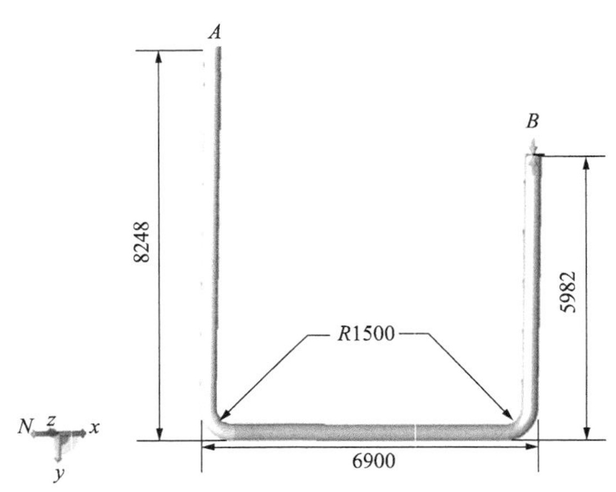

图 7-21　验证算例的计算对象结构示意图

本文基于 CAESAR Ⅱ软件计算了图 7-21 中所示主蒸汽管道的前 4 阶固有频率，图 7-22 给出了本文计算结果与文献[133]结果的对比。从图 7-22 中可以看出，本文对主蒸汽管道前 4 阶固有频率的计算结果与文献结果吻合较好。

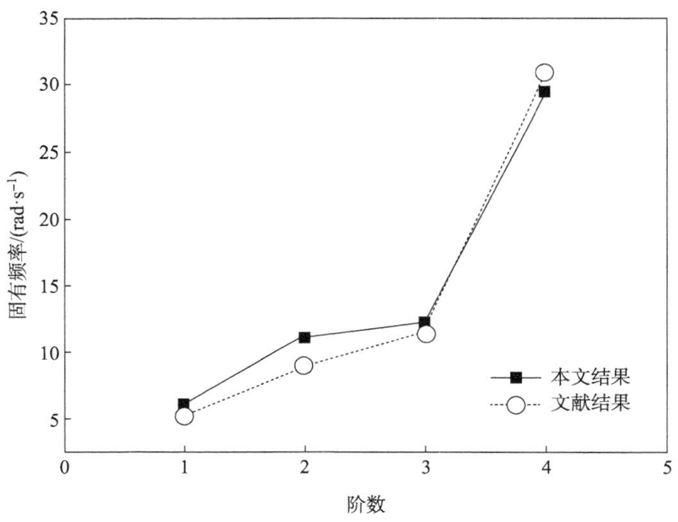

图 7-22　算例验证计算结果

7.3.2 案例分析

本文选取实际电厂中某一振动工况下的管道为研究对象，对其进行静力及动力分析，该管道的布置方式示意图如图 7-23 所示。

图 7-23 电厂管道布置示意图

如图 7-23 所示，管道总长度为 51.72m，管道沿程共设置 7 个弯头，同时布置有 2 个元件，元件 1 为 Y 形过滤器，型号为 SRY4450-16，其质量为 290kg，长度为 2152mm；元件 2 为阀门，型号为电动闸阀 Z941H-16C，其质量为 1033kg，长度为 650mm。管道材料为 20#碳钢，管道直径为 480mm，壁厚为 9.5mm。管道内工质运行温度为 160.11℃，运行压力为 0.62MPa。

本节将针对下述三种工况进行讨论：①所有支吊架均为刚性支撑；②所有支吊架均为弹簧支撑；③无支吊架。首先以第一种情况为例，对该管道进行静力分析。图 7-24 给出了全刚性支撑条件下管道的应力变形图。从图 7-24 中可以看出，由于刚性支撑均为 z+方向，并没有 x 及 y 方向的限位，导致管道在这些方向上的振动位移非常大。表 7-5 给出了全刚性支撑条件下管道的静态位移分布，可以明显发现在节点 70 到 110 之间对应位置处，管道在 x 及 y 方向上的振动位移均超过 30mm 以上。

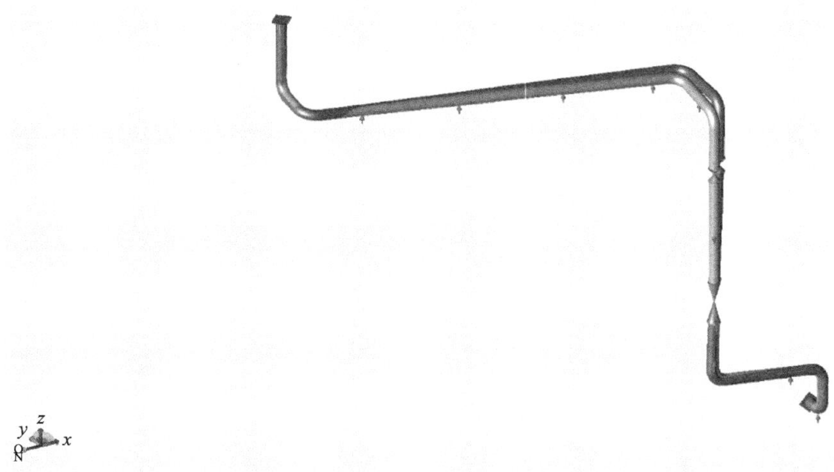

图 7-24　全刚性支撑条件下管道应力变形图

表 7-5　管道的静态位移分布计算结果

节点	D_x/mm	D_y/mm	D_z/mm	R_x/deg	R_y/deg	R_z/deg
10	-0.000	0.000	0.000	0.0000	0.0000	0.0000
20	-0.598	-0.003	-0.000	-0.0014	0.0210	0.0159
28	-0.713	-0.011	-0.523	-0.0020	0.0222	0.0176
29	-0.900	-0.385	-1.305	-0.0184	0.0320	0.0196
30	-0.808	-1.266	-1.477	-0.0484	0.0252	0.0411
38	-0.190	-2.929	-0.916	-0.0553	0.0277	0.0474
39	0.749	-3.652	-0.433	-0.1075	0.0022	0.0989
40	2.034	-3.137	-0.109	-0.1182	-0.0183	0.1488
50	6.075	2.361	-0.000	-0.1511	-0.0152	0.1681
60	14.842	15.767	-0.000	-0.2248	-0.0139	0.1951
70	24.222	30.572	-0.000	-0.3071	-0.0173	0.2010
80	32.374	42.126	-0.000	-0.3816	-0.0094	0.1869
88	33.606	43.684	-0.095	-0.3932	-0.0032	0.1831
89	34.922	43.942	0.935	-0.4013	0.0458	0.1220
90	35.950	42.687	4.165	-0.4367	0.0594	0.0638
100	36.915	39.558	12.219	-0.4406	0.0793	0.0602
108	37.567	37.229	18.209	-0.4358	0.0938	0.0593
109	37.461	34.828	20.855	-0.3504	0.1233	0.0272
110	36.214	32.113	21.002	-0.2401	0.1938	0.0053
120	28.562	23.841	17.314	-0.2047	0.2145	0.0071

续表

节点	D_x/mm	D_y/mm	D_z/mm	R_x/deg	R_y/deg	R_z/deg
130	26. 126	21. 522	16. 187	−0. 2041	0. 2148	0. 0071
140	15. 848	12. 896	11. 576	−0. 1666	0. 2221	0. 0093
150	5. 801	6. 003	7. 059	−0. 1356	0. 2134	0. 0115
160	−2. 196	0. 933	3. 328	−0. 1344	0. 2123	0. 0116
170	−8. 970	−3. 334	−0. 000	−0. 1187	0. 1862	0. 0132
178	−10. 457	−4. 285	−0. 809	−0. 1154	0. 1787	0. 0136
179	−11. 184	−5. 005	−1. 943	−0. 0767	0. 0655	0. 0261
180	−10. 505	−5. 020	−2. 381	−0. 0621	−0. 0539	0. 0422
190	−4. 014	−3. 089	1. 506	−0. 0356	−0. 1015	0. 0370
198	−1. 970	−2. 542	3. 095	−0. 0278	−0. 1033	0. 0336
199	−0. 840	−2. 430	3. 382	−0. 0242	−0. 0723	0. 0278
200	−0. 144	−2. 455	2. 743	−0. 0011	−0. 0245	0. 0312
208	0. 225	−2. 429	0. 983	0. 0037	−0. 0181	0. 0259
209	0. 177	−1. 914	0. 182	0. 0254	0. 0006	0. 0267
210	0. 020	−0. 941	−0. 000	0. 0028	−0. 0024	0. 0034
220	0. 000	−0. 000	0. 000	0. 0000	−0. 0000	0. 0000

本文进一步计算了全刚性支撑、全弹簧支撑及无支撑三种工况下管道的前20阶固有频率，对比结果如表7-6所示。

表7-6 不同工况下管道的固有频率对比结果

阶数	全刚性支撑	全弹簧支撑	无支撑
1	0. 487	0. 446	0. 424
2	1. 943	1. 796	0. 95
3	2. 415	2. 326	1. 702
4	2. 523	2. 475	2. 237
5	4. 298	3. 962	2. 49
6	6. 152	4. 317	2. 686
7	7. 593	6. 097	3. 967
8	8. 636	6. 642	4. 552
9	8. 933	7. 994	6. 22
10	10. 235	8. 771	7. 007
11	12. 684	9. 957	8. 065
12	19. 221	10. 42	8. 784
13	21. 627	11. 901	10. 067

续表

阶数	全刚性支撑	全弹簧支撑	无支撑
14	25.162	13.302	10.411
15	25.526	21.626	12.774
16	30.607	25.31	14.465
17	31.851	25.921	21.631
18	32.406	29.539	25.243
19	36.283	30.601	25.884
20	38.203	31.877	30.127

从表7-6中可以看出：全刚性支撑工况下管道的固有频率最高；全弹簧支撑工况下管道的固有频率次之；无支撑工况下管道的固有频率最低。相比于无支撑工况，当对管道系统加入支撑后，管道的固有频率均有所提高，但是，其固有频率仍旧远低于工程管道要求的最低频率(3.5Hz)[134]，极易引发管道振动现象。工程上可通过增加限位器限制管道在其他方向上的振动位移，进而提升管路系统的固有频率。以弹簧吊架支撑方式为例，通过在各弹簧吊架支撑处增加各个方向上的刚性限位装置(图7-25)，计算管道固有频率的变化，计算结果如表7-7所示。从表7-7中可以明显看出，加装限位装置后，管道系统的固有频率大大提升。但值得注意的是，在通过增加限位装置提升管系刚度后，管道各位置处的二次应力会增加，个别地方的应力值甚至有可能高于管道材料的许用应力，引起管道破坏，因此，在实际工程中，还需要计算各类整改措施引起的管道应力(尤其是二次应力)变化，确保管道应力在允许范围内。

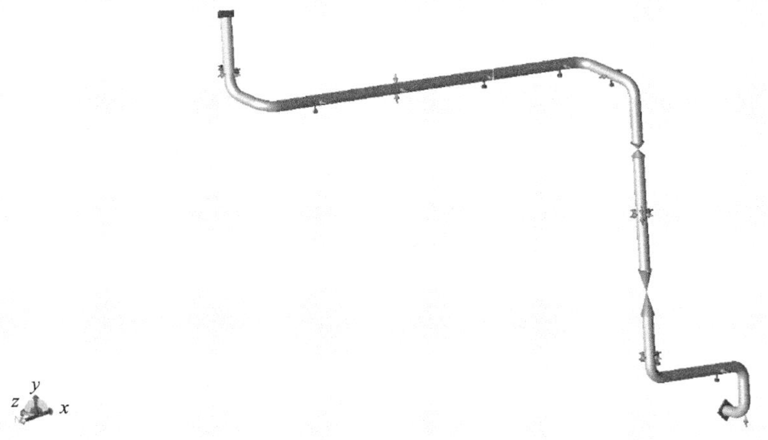

图7-25　增加刚性限位装置后的管道支撑结构示意图

表 7-7　加刚性限位装置后管道固有频率的变化结果

阶数	无限位	加装限位	阶数	无限位	加装限位
1	0.446	4.515	11	9.957	32.975
2	1.796	5.234	12	10.42	35.552
3	2.326	8.158	13	11.901	38.353
4	2.475	11.714	14	13.302	39.203
5	3.962	18.823	15	21.626	42.772
6	4.317	20.233	16	25.31	46.13
7	6.097	22.922	17	25.921	47.931
8	6.642	26.275	18	29.539	50.71
9	7.994	28.03	19	30.601	57.203
10	8.771	31.34	20	31.877	58.449

本文进一步计算了管内不同介质密度下对应的管道固有频率，计算结果如表 7-8所示。从表 7-8 中可以看出，随着管内介质密度的增加，管道固有频率呈现逐渐降低的趋势。

表 7-8　不同介质密度下管道固有频率的变化结果

固有频率/Hz	$0\text{kg}\cdot\text{m}^{-3}$	$10\text{kg}\cdot\text{m}^{-3}$	$900\text{kg}\cdot\text{m}^{-3}$
1	0.631	0.627	0.446
2	2.584	2.568	1.796
3	3.316	3.297	2.326
4	3.539	3.518	2.475
5	5.43	5.399	3.962
6	6.175	6.139	4.317
7	8.794	8.741	6.097
8	9.449	9.394	6.642
9	11.472	11.404	7.994
10	12.598	12.526	8.771

基于上述分析，针对现场实际中存在的管道振动现象，建议可根据下述步骤来分析振动原因并予以解决。首先，需要现场开展振动测试，获得管道振动发生

时的振动频率及相应的振型及位移，并与计算得到的管道固有频率对比，确定引发共振现象的激振频率；其次，一方面通过对管内流动进行模拟和分析，探究可能的激振力来源，并提出措施来减弱管内流体的激振力，另一方面，通过对管道系统进行静力及动力分析，结合现场观测，获得管道振动振型及振幅等信息，确定管道振动位移较大的位置，通过增加刚性支撑及限位约束的方式，提升管道系统的固有频率，并限制管道的振动位移；最后，分析改进约束/支撑方式对管道各位置处应力的影响，确保其在允许范围内。

7.4 本章小结

针对流固耦合引发的管道共振现象，本章首先采用大涡模拟方法重点对弯管内的瞬态流场进行了模拟，发现在弯管折角处的内壁面附近不断有涡的生成和脱落。通过分析涡脱过程中壁面升力系数的变化曲线，发现涡的周期性生成及脱落过程造成壁面升力系数随时间呈现周期性的振荡变化，这意味着工质对管壁产生交替的激振力。

本章进一步研究了流体流速、弯管曲率半径、弯头数目等因素对涡脱频率及涡脱强度的影响。发现随着流体流速的增加，涡脱频率明显增加，管壁受到的激振力明显增强；当弯头曲率半径过小，流体流经弯头拐角时，在弯头内侧会激发产生额外的低频大能量的涡，管内的流场更加不稳定，对管壁施加的激振力也大大增加；随着弯头数目的增加，管壁受到的激振力有所增强。

随后，本章利用 CAESAR 软件对电厂管道系统进行了静力及动力分析，研究了管道固有频率的变化规律，发现增加支撑及限位装置可以明显提升管道的固有频率，随着管内介质密度的增加，管道固有频率逐渐降低。

附录　符号表

A	流通横截面积，m^2
A_b	支管内流通横截面积，m^2
C_f	阻力系数
C_M	壁面金属比热容，$kJ \cdot kg^{-1} \cdot K^{-1}$
C_p	流体定压比热，$kJ \cdot kg^{-1} \cdot K^{-1}$
D	管道内径，m
D_b	支管内径，m
D_h	通道水力直径，m
Eu	欧拉数
F	单位管长下对应的管内壁面表面积，m
f	摩擦阻力系数
G	质量流速，$kg \cdot m^{-2} \cdot s^{-1}$
g	重力加速度，$m \cdot s^{-2}$
H	流体焓值，$kJ \cdot kg^{-1}$
h_{tc}	对流换热系数，$kW \cdot m^{-2} \cdot K^{-1}$
I	支管序号
K	压力变化系数
k	时层
L	长度，m
M	质量流量，$kg \cdot s^{-1}$
M_{total}	进口总质量流量，$kg \cdot s^{-1}$
$M_{g,total}$	进口气相总质量流量，$kg \cdot s^{-1}$
$M_{l,total}$	进口液相总质量流量，$kg \cdot s^{-1}$
N_B	支管数目
N_C	支管沿程网格数目
P	流体压力，MPa

P_{ref}	参考压力，MPa
Pr	普朗特数
$\overline{Pr}$	平均普朗特数
Q	管内壁面传递给管内流体的线热流密度，$kW \cdot m^{-1}$
Q_{ex}	施加在管外壁面的热流密度，$kW \cdot m^{-1}$
R	壁面粗糙度，m
Re	雷诺数
S	支管间距，m
T	流体温度,℃
T_w	壁面温度,℃
t	时间，s
V	流速，$m \cdot s^{-1}$
V_{SL1}	进口液相表面流速，$m \cdot s^{-1}$
W	系统总加热功率，kW
WT	壁面厚度，mm
x	流体干度
希腊字母	
α	两相流空泡份额
β	相分配比例系数
γ	体积膨胀系数，K^{-1}
ρ	流体密度，$kg \cdot m^{-3}$
ρ_E	能量修正密度，$kg \cdot m^{-3}$
ρ_M	动量修正密度，$kg \cdot m^{-3}$
ς	单相摩擦阻力系数
λ	导热系数，$W \cdot m^{-1} \cdot K^{-1}$
μ	动力黏度，$kg \cdot m^{-1} \cdot s^{-1}$
θ	与水平方向之间的倾角
上标	
+	对应的无量纲量
下标	

B	支管
b	主流
C	汇集集箱
cal	计算值
D	分配集箱
exp	实验值
G	气相
H	均相流
I	三通上游进口方向参数
in	进口
L	液相
M	管壁金属
m	集箱
max	最大值
min	最小值
out	出口
pc	拟临界点
R	三通下游出口方向参数
S	分相流
w	管道壁面

前置符号

Δ	差值

参　考　文　献

[1] 樊泉桂．超超临界锅炉设计及运行．中国电力出版社，2010.

[2] John,E.，Kelly. Generation Ⅳ International Forum：A decade of progress through international cooperation. Progress in nuclear engergy，77（2014）：240-246.

[3] 刘尚华．螺旋管内核态沸腾流动与换热特性数值模拟分析[D]．哈尔滨：哈尔滨工程大学，2017.

[4] 张作义，吴宗鑫．世界核电发展趋势与高温气冷堆．核科学与工程，20(2000)：211-219.

[5] 王晓锋，李睿．关于我国光热发电发展的思考．华北电力技术，2016：67-70.

[6] 任婷．塔式太阳能吸热器特性研究．北京：华北电力大学，2017.

[7] 魏进家，屠楠，方嘉宾．太阳能腔式吸热器启动过程性能的数值模拟．工程热物理学报，V32（2011）：1023-1027.

[8] 郑建涛，严俊杰，韩临武，曹传钊．多点聚焦的太阳能柱式吸热器能流分布研究．中国电机工程学报，（2015）.

[9] 郝芸，王跃社，胡甜，魏宇青．极不均匀热负荷下腔式吸热器受热面流量和壁温分布的试验研究．中国科学院大学学报，34(2017)：141-145.

[10] 陈政伟，王跃社，陈开拓，王启志，李迪．瞬态阶跃热流密度下腔式吸热器动态特性研究．工程热物理学报，V33(2012)：1719-1722.

[11] 王遇冬．天然气开发与利用．中国石化出版社，2011.

[12] 程劲松，白兰君．世界液化天然气工业发展综述．天然气工业，20（2000）：101-105.

[13] L. Pu，Z. Qu，Y. Bai，D. Qi，K. Song，P. Yi. Thermal performance analysis of intermediate fluid vaporizer for liquefied natural gas. Applied Thermal Engineering，65（2014）：564-574.

[14] 苏厚德．开架式气化器流动与传热特性及特征参数研究．兰州理工大学，2019.

[15] 贾丹丹．印刷板式换热器强化换热理论分析与实验研究．江苏科技大学，2017.

[16] 谢丽懿，李智强，丁国良．FLNG 用印刷板路换热器技术特点及发展趋势．化工学报，（2019）.

[17] P. Z. Ting Ma，Haoning Shi，Yitung Chen，Qiuwang Wang. Prediction of flow maldistribution in printed circuit heat exchanger. International Journal of Heat and Mass Transfer，152（2020）.

[18] Cho E S，Choi J W，Yoon J S，et al. Experimental study on microchannel heat sinks considering mass flow distribution with non-uniform heat flux conditions[J]. International Journal of Heat & Mass Transfer，2010，53(9-10)：2159-2168.

[19] Wang J. Flow Distribution and Pressure Drop in Different Layout Configurations with Z-Type Arrangement[J]. Energy Science & Technology，2011，2(2)：1-12.

[20] 罗彦. 基于分段式吸热器的塔式太阳能发电性能研究[D]. 北京：华北电力大学，2017.

[21] Dario E R，Tadrist L，Passos J C. Review on two-phase flow distribution in parallel channels with macro and micro hydraulic diameters：Main results，analyses，trends[J]. Applied Thermal

Engineering, 2013, 59(1-2): 316-335.

[22] 陆方，葛友康，罗永浩．大容量电站锅炉过热器再热器集箱三通结构流量分布试验研究．中国动力工程学会青年学术年会，1996.

[23] J. R. Buel, H. M. Soliman, G. E. Sims. Two-phase pressure drop and phase distribution of a horizontal tee junction. International Journal of Multiphase Flow, 20 (1994): 819-836.

[24] 王春昌．水冷壁流量偏差及其超温爆管．热力发电，36 (2007): 30-32, 51.

[25] 陈将．塔式太阳能热电系统的聚光仿真与聚焦策略优化. 2015.

[26] 郝芸，刘佳伦，翁羽．变负荷条件下太阳能吸热器内非稳态流量分配计算模型．中国电机工程学报，40 (2020): 2606-2618.

[27] V. G. C. A. C. Anthony. Two-phase pressure drop and phase distribution at a reduced horizontal tee junction [microform]: the effect of system pressure. (1998).

[28] Y. T. Wu, C. Chen, B. Liu, C. F. Ma. Investigation on forced convective heat transfer of molten salts in circular tubes. International Communications in Heat & Mass Transfer, 39 (2012): 1550-1555.

[29] 吴玉庭，刘闪威，崔武军，等．低熔点熔盐圆管内强迫对流换热．化工学报，66 (2015): 530-536.

[30] Y.S. Chen, Y. Wang, J. H. Zhang, X. F. Yuan, J. Tian, Z. F. Tang, H. H. Zhu, Y. Fu, N. X. Wang. Convective heat transfer characteristics in the turbulent region of molten salt in concentric tube. Applied Thermal Engineering, 98 (2016): 213-219.

[31] J. Qian, Q. -L. Kong, H. -W. Zhang, Z. -H. Zhu, W. -G. Huang, W. -H. Li. Experimental study for shell-and-tube molten salt heat exchangers. Applied Thermal Engineering, 124 (2017): 616-623.

[32] X. Dong, Q. Bi, F. Yao. Experimental investigation on the heat transfer performance of molten salt flowing in an annular tube. Experimental Thermal and Fluid Science, 102 (2019): 113-122.

[33] 陈玉爽，田健，朱海华，傅远，王纳秀．熔盐圆管内湍流对流换热实验研究．核技术，42 (2019): 77-82.

[34] 郭烈锦．两相与多相流动力学．西安交通大学出版社，2002.

[35] R. A. Bajura. A Model for Flow Distribution in Manifolds. Journal of Engineering for Gas Turbines and Power, 93 (1971): 7-12.

[36] 洛克申，B. A.．锅炉机组水力计算标准方法．电力工业出版社，1981.

[37] 罗永浩，卞韶帅，陆方．并联管组离散模型分析及其关键系数的确定．上海交通大学学报，2002: 1685-1688.

[38] 缪正清．电站锅炉集箱端部轴向引入引出的并联管组系统单相流体流动特性解的统一表达式．动力工程学报，6 (1998): 32-38.

[39] 赵镇南．集管系统压力与流量分布的研究(Ⅰ)——U形布置时的分析解．太阳能学报，

1999：377-384.

[40] 赵镇南．集管系统压力与流量分布的研究(Ⅱ)——Z形布置时的分析解．太阳能学报，22（2001）：363-366.

[41] 罗永浩，杨世铭．锅炉管组集箱静压分布的离散模型．动力工程学报，1997：32-36.

[42] X. A. Wang，P. Yu. Isothermal Flow distribution in header systems. International Journal of Solar Energy，7（1989）：159-169.

[43] F. Lu，Y. -h. Luo，S. -m. Yang. Analytical and Experimental Investigation of Flow Distribution in Manifolds for Heat Exchangers. Journal of Hydrodynamics，Ser. B，20（2008）：179-185.

[44] J. Wang. Theory of flow distribution in manifolds. Chemical Engineering Journal，168（2011）：1331-1345.

[45] J. Wang. Pressure drop and flow distribution in parallel-channel configurations offuel cells：U-type arrangement. International Journal of Hydrogen Energy，33（2008）：6339-6350.

[46] J. Wang. Pressure drop and flow distribution in parallel-channel configurations of fuel cells：Z-type arrangement. International Journal of Hydrogen Energy，35（2010）：5498-5509.

[47] J. Wang，H. Wang. Discrete method for design of flow distribution in manifolds. Applied Thermal Engineering，89（2015）：927-945.

[48] G. D. Ngoma，F. Godard. Flow distribution in an eight level channel system. Applied Thermal Engineering，25（2005）：831-849.

[49] 杨冬，于辉，华洪渊，高峰，杨仲明．超(超)临界垂直管圈锅炉水冷壁流量分配及壁温计算．中国电机工程学报，28（2008）：32-38.

[50] 张魏静，杨冬，黄莺，张彦军，华洪渊．超临界直流锅炉螺旋管圈水冷壁流量分配及壁温计算．动力工程，2009：40-45.

[51] 周旭，杨冬，肖峰，邵国桢．超临界循环流化床锅炉中等质量流速水冷壁流量分配及壁温计算．中国电机工程学报，29(2009)：13-18.

[52] 卢欢，杨冬，周旭，徐良洪，边宝，邵国桢．超临界直流锅炉水冷壁压降及出口汽温计算．西安交通大学学报，45（2011）：38-42.

[53] 朱晓静，毕勤成，杨冬，王建国，陈听宽，于水清．垂直并联管低质量流速自补偿特性的研究．核动力工程，32（2011）：70-74.

[54] X. Zhu，Q. Bi，Q. Su，D. Yang，J. Wang，G. Wu，S. Yu. Self-compensating characteristic of steam - water mixture at low mass velocity in vertical upward parallel internally ribbed tubes. Applied Thermal Engineering，30（2010）：2370-2377.

[55] 钟崴，谢金芳，王志新，童水光．锅炉集箱系统并联管组流量不均匀性与热负荷间的关系．中国电机工程学报，31(2011)：23-30.

[56] N. Saba，R. T. Lahey Jr. The analysis of phase separation phenomena in branching conduits. International Journal of Multiphase Flow，10（1983）：1-20.

[57] J. Reimann，W. Seeger. Two - phase flow in a T - junction with a horizontal inlet. Part Ⅱ：

Pressure differences. International Journal of Multiphase Flow, 12 (1986): 587-608.

[58] W. Seeger, J. Reimann, U. Müller. Two-phase flow in a T-junction with a horizontal inlet. Part I: Phase separation. International Journal of Multiphase Flow, 12 (1986): 575-585.

[59] M. T. Rubel, Experimental investigation of phase distribution in a horizontal tee junction. 1986.

[60] S. T. Hwang, H. M. Soliman, R. T. Lahey Jr. Phase separation in dividing two - phase flows. International Journal of Multiphase Flow, 14 (1988): 439-458.

[61] J. S. Groen. Flow split phenomena of two-phase flow in a large-scale horizontal upward T-junction. 1991.

[62] J. D. Ballyk. Dividing annular/two-phase flow in horizontal T-junctions. 1993.

[63] P. A. Roberts, B. J. Azzopardi, S. Hibberd. The split of horizontal semi-annular flow at a large diameter T-junction. International Journal of Multiphase Flow, 21 (1995): 455-466.

[64] L. C. Walters, H. M. Soliman, G. E. Sims. Two-phase pressure drop and phase distribution at reduced tee junctions. International Journal of Multiphase Flow, 24 (1998): 775-792.

[65] T. Stacey, B. J. Azzopardi, G. Conte. The split of annular two-phase flow at a small diameter T-junction. International Journal of Multiphase Flow, 26 (2000): 845-856.

[66] E. W. M. Eng.. Geometric Effects on Phase Split at a Large Diameter T - junction. PhD Thesis, 2001.

[67] G. Das, P. K. Das, B. J. Azzopardi. The split of stratified gas-liquid flow at a small diameter T-junction. International Journal of Multiphase Flow, 31 (2005): 514-528.

[68] C. Bertani, M. Malandrone, B. Panella. Two-phase flow in a horizontal t-junction: pressure drop and phase separation. Two-phase flow in horizontal t-junction, 2007.

[69] C. Bertani, M. Malandrone, B. Panella, D. Grosso. Air Water Two-phase Flow in a Horizontal T-junction: Flow Patterns, Phase Separation and Pressure Drops, Flow Pattern. 2011.

[70] E. dos Reis, L. Goldstein Jr. Fluid dynamics of horizontal air-water slug flows through a dividing T-junction. International Journal of Multiphase Flow, 50 (2013): 58-70.

[71] B. J. Azzopardi, S. Rea. Modelling the Split of Horizontal Annular Flow at a T - Junction. Chemical Engineering Research and Design, 77 (1999): 713-720.

[72] P. A. Roberts, B. J. Azzopardi, S. Hibberd. The split of horizontal annular flow at a T-junction. Chemical Engineering Science, 52 (1997): 3441-3453.

[73] V. R. Penmatcha, P. J. Ashton, O. Shoham. Two - phase stratified flow splitting at a T - jun. International Journal of Multiphase Flow, 22 (1996): 1105-1122.

[74] S. Marti, O. Shoham. A unified model for stratified-wavy two-phase flow splitting at a reduced T-junction with an inclined branch arm. International Journal of Multiphase Flow, 23 (1997): 725-748.

[75] F. Peng, M. Shoukri. Modelling of phase redistribution of horizontal annular flow divided in T-junctions. The Canadian Journal of Chemical Engineering, 75 (1997): 264-271.

[76] J. Hart, P. J. Hamersma, J. M. H. Fortuin. A model for predicting liquid route preference during

gas—liquid flow through horizontal branched pipelines. Chemical Engineering Science, 46 (1991): 1609-1622.

[77] M. Ottens, d. J. A. Swart, H. C. J. Hoefsloot, P. J. Hamersma, Gas-liquid flow splitting in regular, reduced and impacting T junctions. Impianistica Italiana, 8 (1995): 23-33.

[78] M. Ottens, H. C. J. Hoefsloot, P. J. Hamersma, Effect of small branch inclination on gas-liquid flow separation in T junctions. Aiche Journal, 45 (1999): 465-474.

[79] J. Collier. Single-phase and two-phase flow behavior in primary circuit components. Two-phase flows and heat transfer, (1) 1977.

[80] J. Reimann, H. J. Brinkmann, R. Domanski. Gas-liquid flow in dividing Tee-junctions with a horizontal inlet and different branch orientations and diameters. Kernforschungszentrum Karlsruhe, 89 (1988).

[81] 王培斌．并联管中气-液两相流分配特性的研究．1996.

[82] 徐宝全，章燕谋．水平并联管系统中两相流流量分配的理论及实验研究．西安交通大学学报，1996：92-98.

[83] 徐宝全，章燕谋，林宗虎．水平 U 形和 Z 形集箱系统的两相流流量分配特性实验研究．动力工程学报，1997：33-39.

[84] 徐宝全，王树众．水平并联管系统中两相流流量分配特性的可视性研究．西安交通大学学报，1998：63-67.

[85] 朱玉琴，陈听宽，毕勤成．超临界压力 600MW 直流锅炉流量分配特性的试验研究．锅炉技术，37 (2006)：11-14.

[86] 朱玉琴，缪斌．超临界压力变压运行水冷壁中间集箱汽-水两相流分配特性的实验研究．西安石油大学学报：自然科学版，25 (2010)：80-84.

[87] 朱玉琴，毕勤成，陈听宽，超临界压力下水冷壁中间集箱分配特性的研究．热能动力工程，21 (2006)：299-302.

[88] 朱玉琴，李迓红，毕勤成，陈听宽．超临界直流锅炉变压运行下水冷壁中间分配集箱的流量分配特性．动力工程学报，27 (2007)：663-666.

[89] 朱玉琴，毕勤成，陈听宽，李迓红．变压运行直流锅炉水冷壁中间集箱汽液分配特性的试验研究．动力工程学报，28 (2008)：834-838.

[90] 朱玉琴，毕勤成，陈听宽．超临界变压运行直流锅炉中间集箱分配特性的试验研究．热能动力工程，24 (2009)：81-84.

[91] M. Ahmad, G. Berthoud, P. Mercier. General characteristics of two-phase flow distribution in a compact heat exchanger. International Journal of Heat and Mass Transfer, 52 (2009): 442-450.

[92] 庞力平．气液两相流联箱中流量分配的理论和实验研究．华北电力大学(北京)，2010.

[93] 庞力平，孙保民，王波，朱众勇，李亚洁．径向引入方式下联箱并联分支管中两相流流量分配计算．化工学报，60 (2009)：3006-3011.

[94] 王波．径向引入多并联分支管集箱系统流量分配特性研究．华北电力大学(北

京)，2009.

[95] 郭静波．径向双进口联箱中气液两相分配特性及可视化研究．华北电力大学(北京)，2012.

[96] 朱波，庞力平，吕玉贤．多并联分支管联箱气液两相流流量分配的研究．华北电力大学学报：自然科学版，40 (2013)：95-100.

[97] 朱众勇．分配联箱气液两相流特性及可视化研究．华北电力大学(北京)，2010.

[98] N. Ablanque，C. Oliet，J. Rigola，C. D. Pérez-Segarra，A. Oliva. Two-phase flow distribution in multiple parallel tubes. International Journal of Thermal Sciences，49 (2010)：909-921.

[99] 张冬青，杨冬，刘计武，肖峰．超临界循环流化床锅炉水冷屏竖直集箱流量分配数值模拟及试验研究．动力工程学报，33 (2013)：1-5.

[100] 郑建学．超临界变压运行直流锅炉蒸发受热面动态特性研究．西安交通大学，1996.

[101] 黄锦涛，陈听宽．单相螺旋管圈动态特性研究．热能动力工程，14 (1999)：340-342.

[102] 傅龙泉，马庆，陈金娥．超临界直流锅炉水冷壁动态特性试验研究(Ⅱ)．上海电力学院学报，11 (1995)：11-19.

[103] 刘树清，余圣方，周龙．900MW 超临界直流锅炉蒸发器的数学模型与仿真研究．动力工程学报，25 (2005)：335-338.

[104] 章臣樾．锅炉动态特性及其数学模型．水利电力出版社，1987.

[105] 范永胜，徐治皋．超临界直流锅炉蒸汽发生器的建模与仿真研究(二)．中国电机工程学报，18 (1998)：350-356.

[106] H. Li，X. Huang，L. Zhang. A lumped parameter dynamic model of the helical coiled once-through steam generator with movable boundaries. Nuclear Engineering and Design，238 (2008)：1657-1663.

[107] 李运泽，杨献勇，张勇，罗锐．超临界直流锅炉蒸发过程的模型与仿真．清华大学学报：自然科学版，42 (2002)：1117-1120.

[108] L. Yong-Qi，R. Ting-Jin. Moving Boundary Modeling Study on Supercritical Boiler Evaporator：By Using Enthalpy to Track Moving Boundary Location. Power and Energy Engineering Conference，2009. APPEEC 2009. Asia-Pacific，2009，pp. 1-4.

[109] M. Ottens，H. C. J. Hoefsloot，P. J. Hamersma. Transient gas-liquid flow in horizontal T-junctions. Chemical Engineering Science，56 (2001)：43-55.

[110] G. Baker，W. W. Clark，B. J. Azzopardi，J. A. Wilson. Transient effects in gas-liquidphase separation at a pair of T-junctions. Chemical Engineering Science，63 (2008)：968-976.

[111] 李磊，张志俭．并联通道瞬态流量分配方法研究．核动力工程，31 (2010)：97-101.

[112] R. Z.. Modified Correlations for Void and Two-Phase Pressure Drop. AB Atomenergi Sweden，1969.

[113] G. Joyce，H. M. Soliman. Pressure drop in a horizontal，equal-sided，sharp-edged，combining tee junction with air-water flow. Experimental Thermal & Fluid Science，55

(2014): 140-149.

[114] G. Joyce, H. M. Soliman. Pressure drop for two-phase mixtures combining in a tee junction with wavy flow in the combined side. Experimental Thermal & Fluid Science, 70 (2016): 307-315.

[115] 陶文铨. 数值传热学(第2版). 西安交通大学出版社, 2001.

[116] T. Xiong, X. Yan, S. Huang, J. Yu, Y. Huang. Modeling and analysis of supercritical flow instability in parallel channels. International Journal of Heat and Mass Transfer, 57 (2013): 549-557.

[117] F. W. Dittus, L. M. K. Boelter. Heat Transfer in Automobile Radiators of the Tubular Type. International Communications in Heat & Mass Transfer, 12 (1985): 3-22.

[118] Z. Liu, R. H. S. Winterton. A general correlation for saturated and subcooled flow boiling in tubes and annuli, based on a nucleate pool boiling equation. International Journal of Heat & Mass Transfer, 34 (1991): 2759-2766.

[119] 林宗虎, 王树众, 王栋. 气液两相流和沸腾传热. 西安交通大学出版社, 2003.

[120] G. K. Filonenko. Hydraulic resistance in pipes. Teploenergetika, 1 (1954): 40-44.

[121] M. Osakabe, T. Hamada, S. Horiki. Water flow distribution in horizontal header contaminated with bubbles. International Journal of Multiphase Flow, 25 (1995): 827-840.

[122] G. Baker, W. W. Clark, B. J. Azzopardi, J. A. Wilson. Controlling the phase separation of gas-liquid flows at horizontal T-junctions. Aiche Journal, 53 (2007): 1908-1915.

[123] 纪兵兵, 陈金瓶. ANSYS ICEM CFD 网格划分技术实例详解. 中国水利水电出版社, 2012.

[124] 王大光, 张超群, 闵玲春. 锅炉给水管道及省煤器出口管道振动原因及消除. 东北电力技术, 026 (2005): 10-12.

[125] 吴江涛. 电厂给水管道振动原因分析及处理, 机械, 2008: 108-110.

[126] 王军民, 王必宁, 陈盛广, 卫大为, 魏宏星. 某 210 MW 循环流化床锅炉 1 号中压给水管道振动治理. 热力发电, 037 (2008): 82-84.

[127] 赵轩. 汽水管道振动原因分析及治理. 2013.

[128] 付永领, 荆慧强. 弯管转角对液压管道振动特性影响分析. 振动与冲击, 32 (2013): 165-169.

[129] 梁家健. 高雷诺数下空腔的大涡模拟. 华中科技大学, 2016.

[130] 贾云飞, 张涛, 邢娟. 基于 FLUENT 对涡街流量传感器流场仿真及特性研究. 系统仿真学报, 19 (2007): 2683-2685.

[131] 唐永进. 压力管道应力分析. 中国石化出版社, 2003.

[132] M. Li, M. L. Aggarwal. Stress analysis of non-uniform thickness piping system with general piping analysis software. Nuclear Engineering & Design, 241 (2011): 555-561.

[133] 赵鹤翔. 电厂主蒸汽管道振动分析的数值计算方法研究. 华北电力大学, 2002.

[134] 中华人民共和国电力工业部. 火力发电厂汽水管道设计技术规定: DL/T 5054—1996, 中国电力出版社, 2010.